U0204338

XIAOXUESHENG SHUXUE DA TIAOZHAN

# 小学生数学大挑战

英国尤斯伯恩出版公司　编著

何十一　译

接力出版社
Publishing House

# 目 录

挑战难度

# 金字塔谜题

请把金字塔上缺失的数写出来！提示：每一个石块上的数是它下面相邻的两个石块上的数之和。

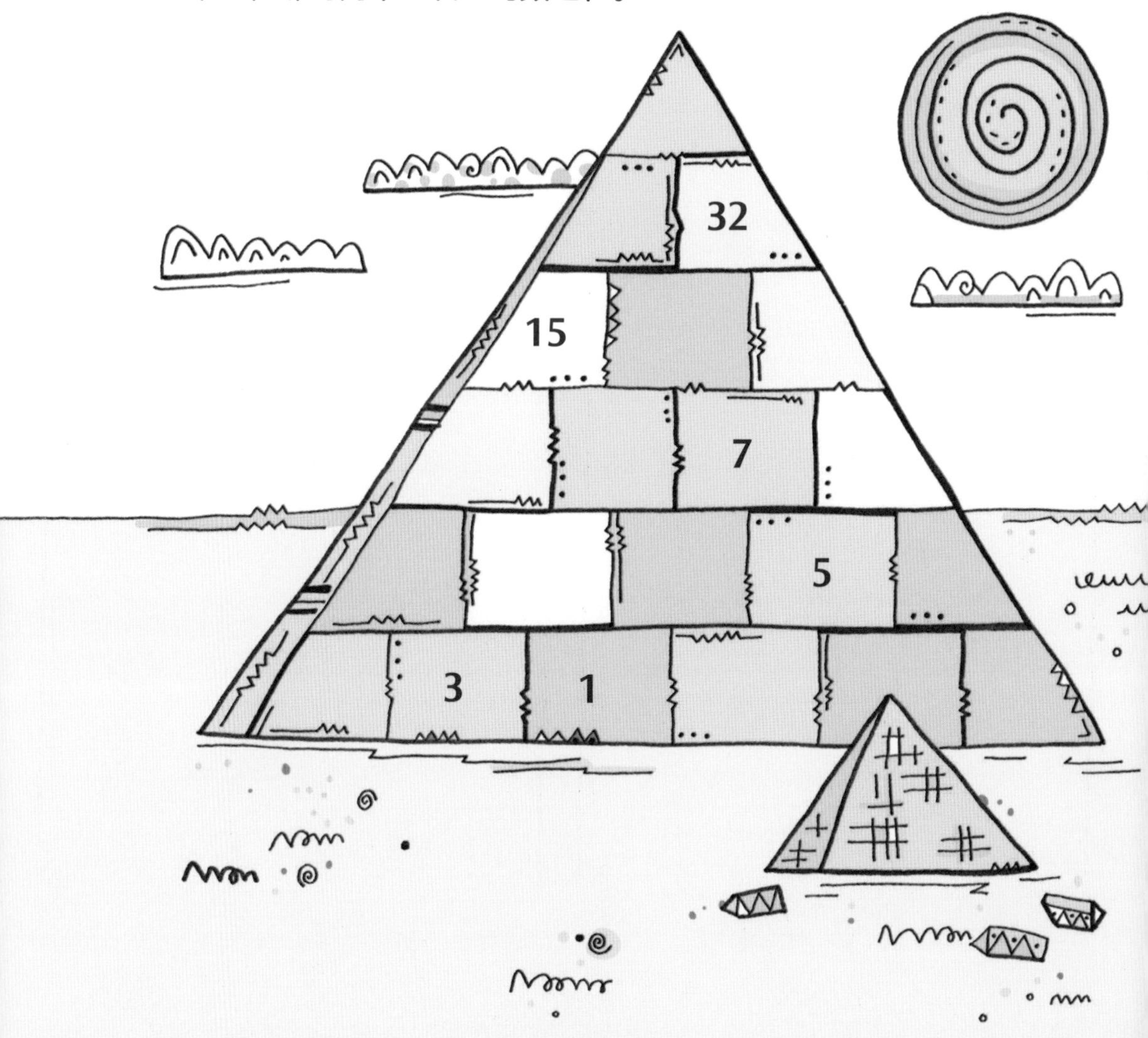

# 忙碌的建筑工人

一组工人需要花2小时才能从采石场切出5个建金字塔用的大石块。要想花8小时切好500个这样的大石块，需要几组工人呢？

答案：________

# 海洋里的动物

给所有可以被10整除的数涂上颜色吧，看看出现了什么海洋动物。

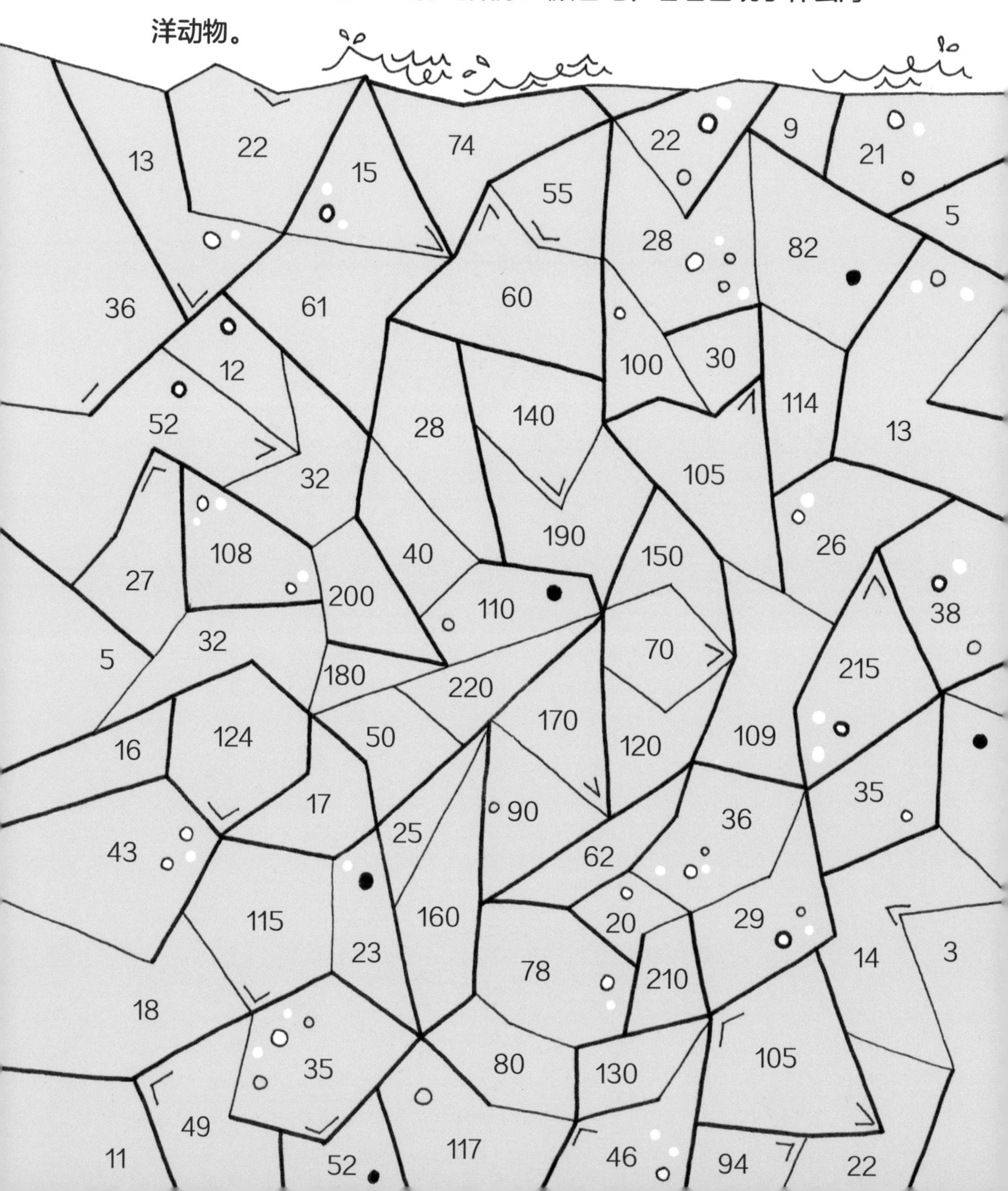

# 城堡数独

下面的方格由 6 个部分组成，每个部分又包含 6 个小方格。请将数 1—6 填入小方格内，使得每行、每列、每个部分都包含 1—6 这 6 个数。

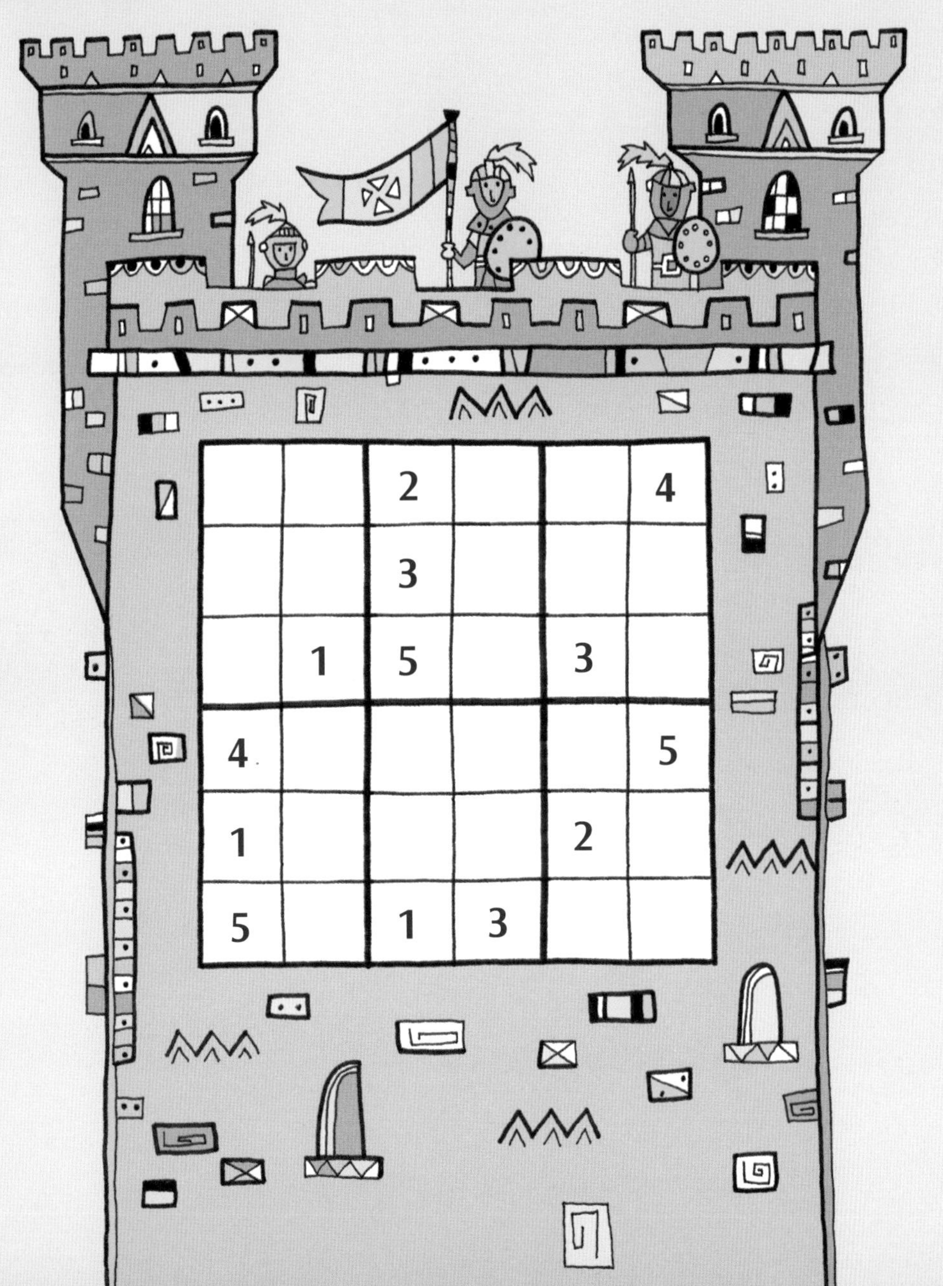

| | | | | | |
|---|---|---|---|---|---|
| | | 2 | | | 4 |
| | | 3 | | | |
| | 1 | 5 | | 3 | |
| 4 | | | | | 5 |
| 1 | | | | 2 | |
| 5 | | 1 | 3 | | |

# 飞飞和步步

**这个游戏需要两个人或多个人一起玩。**

**在这个游戏中，飞飞、步步和飞飞步步是用来代替数的暗号。**

飞飞

代替可以被3整除的数，比如3，6，9，12等。

步步

代替可以被5整除的数，比如5，10，15，25等。

飞飞步步

代替既可以被3整除，又可以被5整除的数，比如15，30等。

**从 1 开始数数，遇到可以用暗号代替的数，就换成刚刚约定的暗号。**

1

2

飞飞

4

步步

2

**如果有人卡壳或者说错了，他就出局。看看谁能成为最后的赢家吧！**

11

飞飞

13

14

呃……

# 数字读心术

拿出纸和笔，两个人一起玩吧。

1

两个人分别写下一个三位数，每一位上的数都不能相同。写的时候，不要让对方看到哟。

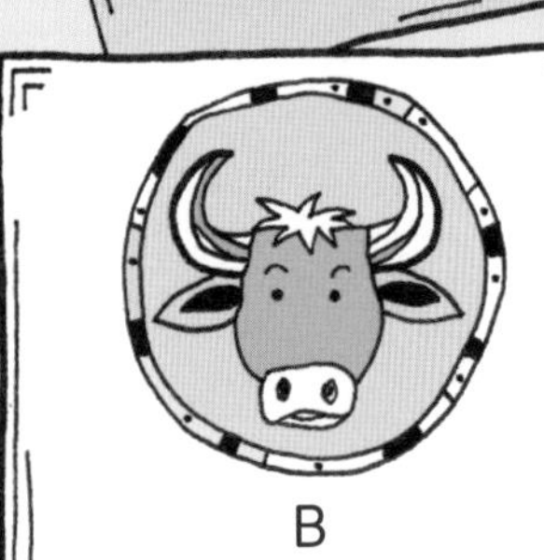


2

轮流猜一猜对方写下的三位数是什么，然后把猜测的结果写在另一张纸上。对方在猜的每个数旁边，写下 B 或者 C。

B

代表猜对了一个数，顺序也对。

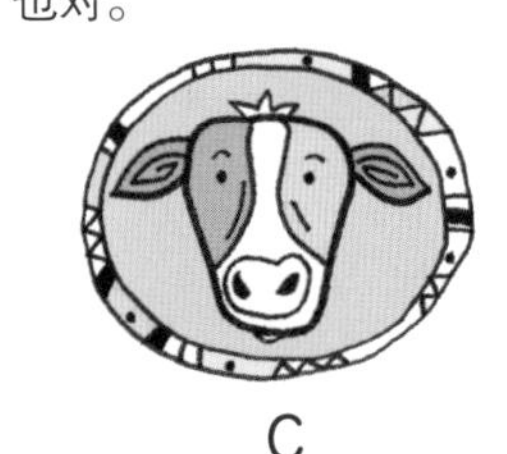

C

代表猜对了一个数，但是顺序不对。

示例

| | | |
|---|---|---|
| 第一次猜： | 012 | C |
| 第二次猜： | 345 | |
| 第三次猜： | 678 | CC |
| 第四次猜： | 304 | |
| 第五次猜： | 134 | |
| 第六次猜： | 234 | B |
| 第七次猜： | 267 | BB |
| 第八次猜： | 268 | BC |
| 第九次猜： | 287 | BBB |

猜对了两个数，但是顺序不对。

3

BBB 意味着三个数都猜中了，顺序也对。谁先得到 BBB，谁就是赢家。

# 草坪数格

在空白的方格里填入 1—9 中的数，填入的数可以与已有的数重复，但每行、每列的数不能重复，且每行、每列的数之和需等于该行、该列两端三角形里的数。

# 眼花缭乱

数一数，下面这个图形中，一共有多少个三角形？

# 金医生去上班

金医生早上 7 时出门，穿过花园需要 6 分钟，然后要花 2 分钟买份报纸，再花 12 分钟走到地铁站。等地铁需要 5 分钟。一般从坐上地铁到她下车的那站要花 18 分钟，但是今天多花了 7 分钟。下了地铁，还要花 10 分钟走到诊所。金医生到诊所的时候是几时呢？在下面的表盘上画出来吧。

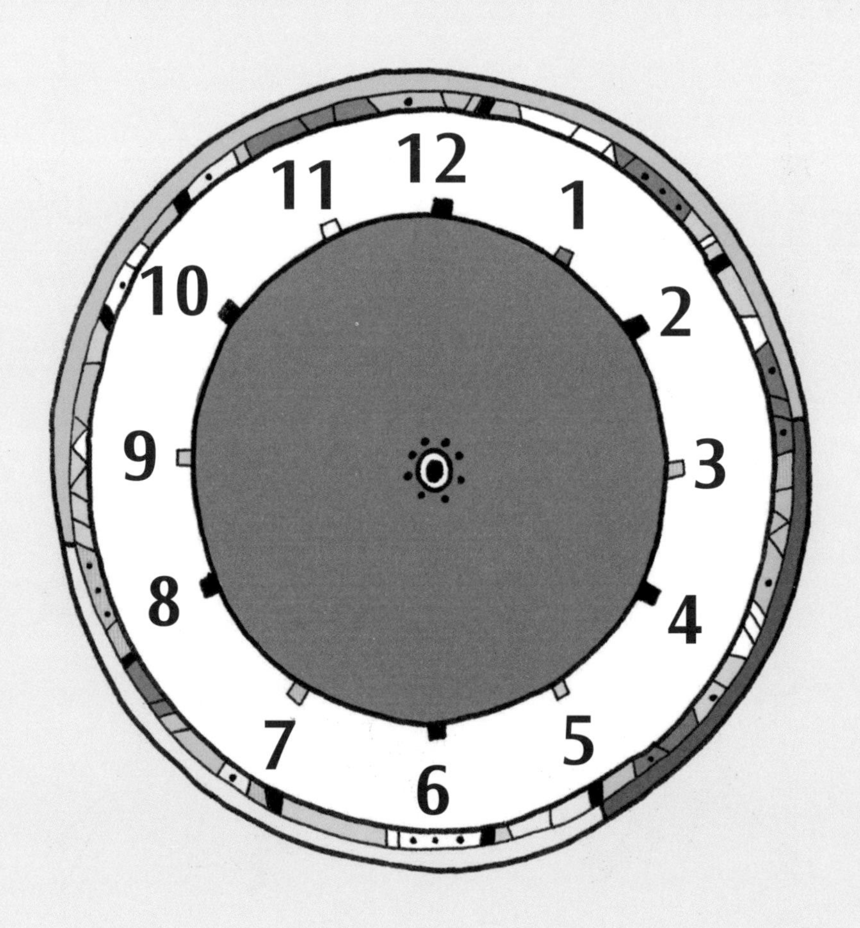

# 丢失的图标

下面的四种图标，每种对应 1—9 中的一个数。右边是每排图标对应的数之和，下面是每列图标对应的数之和。想一想，这 4 种图标分别代表哪 4 个数？右下角的空白处丢失的是哪个图标呢？

# 是不是这个数

这个游戏需要两个人或多个人一起玩。

①

出题的人在 1 到 100 中选定一个数。

②

其他人轮流提问题，出题人只需要回答是或不是，以缩小答案的范围。

③

“是不是28？”“是不是26？”这种直接猜结果的，也算作一个问题。

④

10 个问题以内，如果有人猜中了，那么猜中的人赢；如果没人猜中，则出题的人赢。

# 丹麦国王

根据木牌上的提示，弄清楚每个国王分别在哪个时间段统治过丹麦，然后将他们的画像与正确的时间段连线。

# 算术大挑战

**不考虑先乘除后加减，你能按顺序完成下面这个超长的算式吗？**

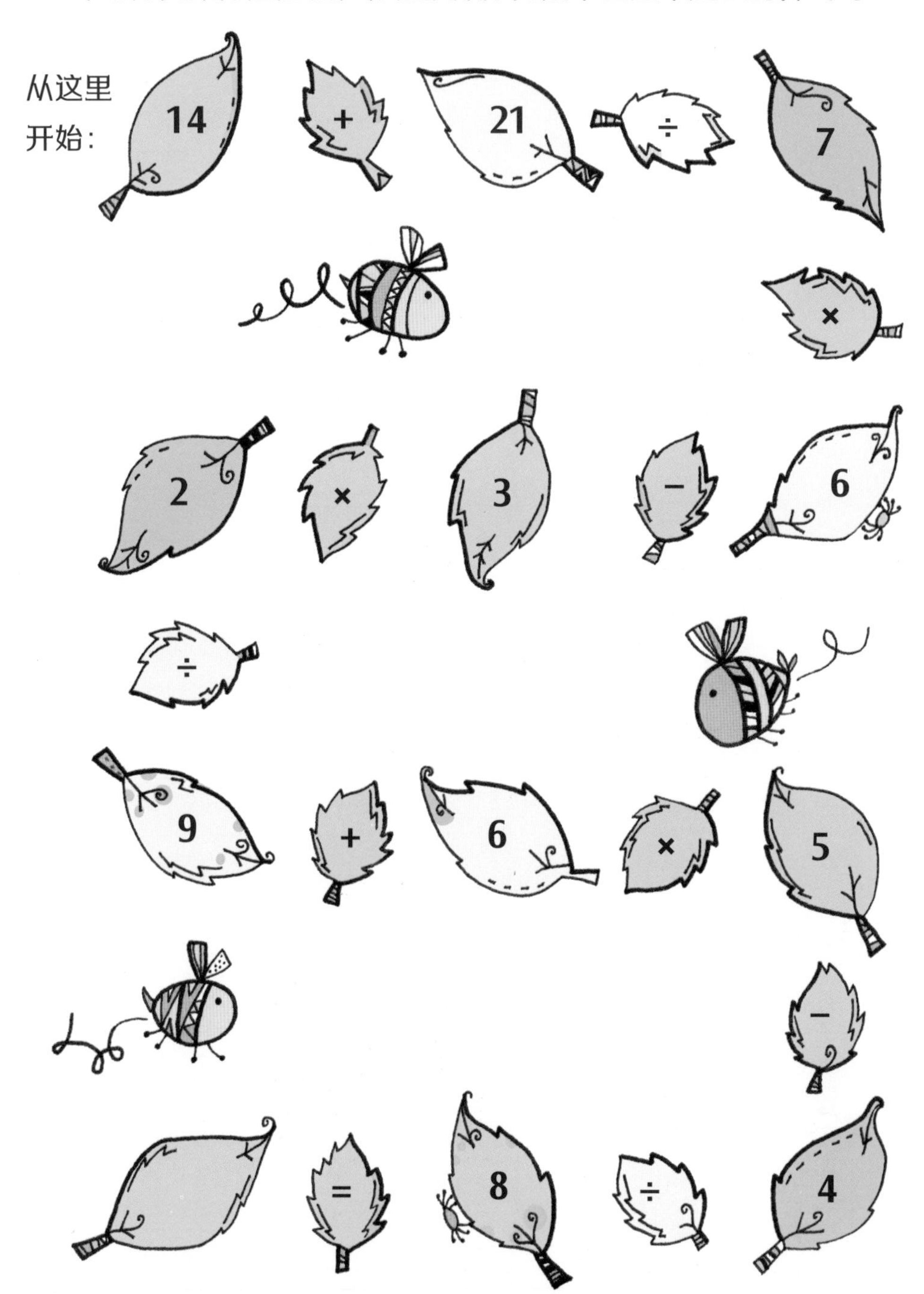

# 数的秘密

在下面的单词中，每个字母代表 1—6 之间一个不同的数，将字母组成单词代表将各个数相加。你能根据下面的信息找到这些字母对应的数，并且算出最后一个单词的答案吗？

# 海草迷宫

小海龟崔妮要去橙色的海绵那儿找吃的。可是它要走的那条路，路过的数之和必须是 50。你能帮它把这条路找出来吗？

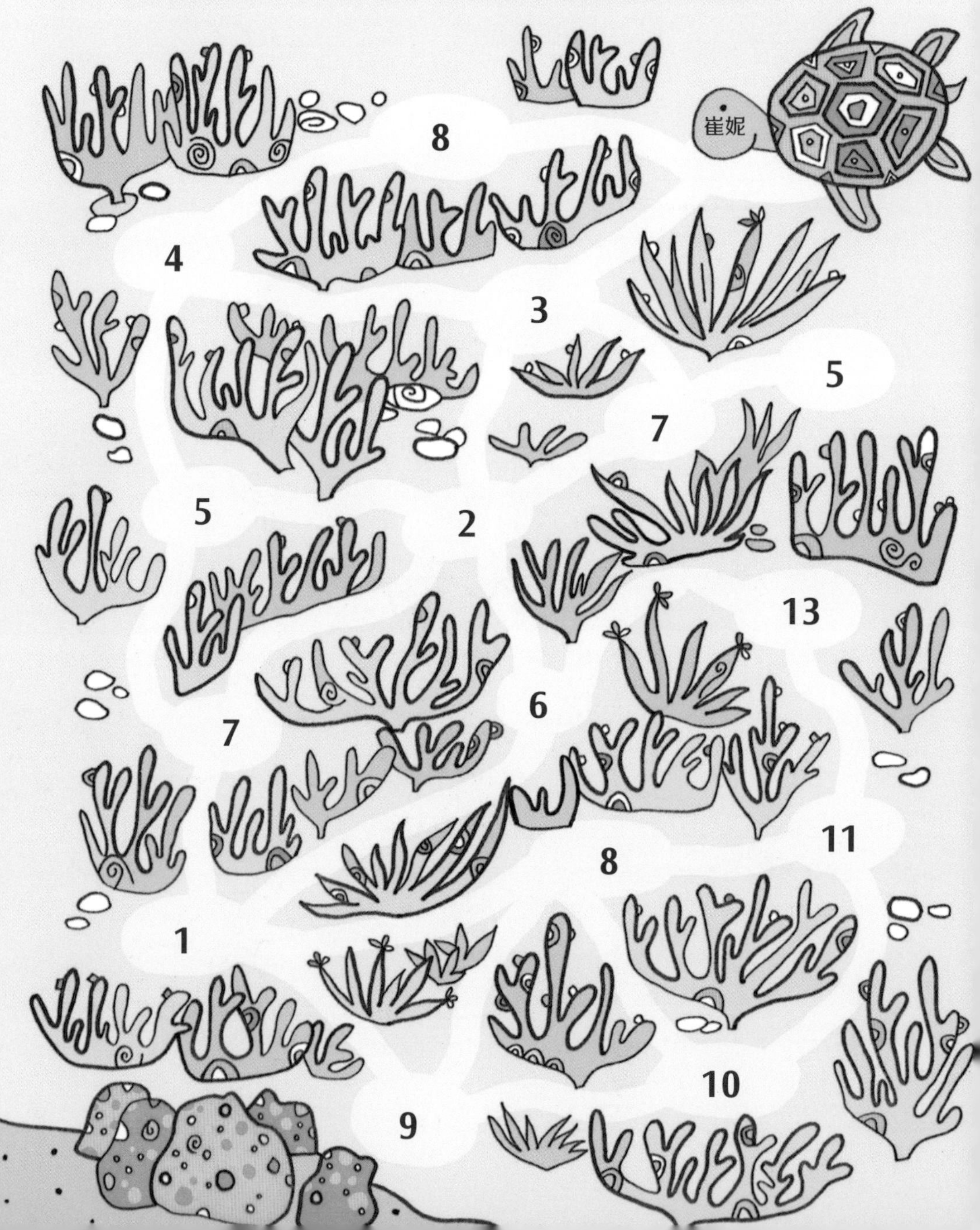

# 圆圈套圆圈

你能将 1—9 之间的其他几个数填入下面的圆圈中，使每个圆圈内的数之和都是 11 吗？

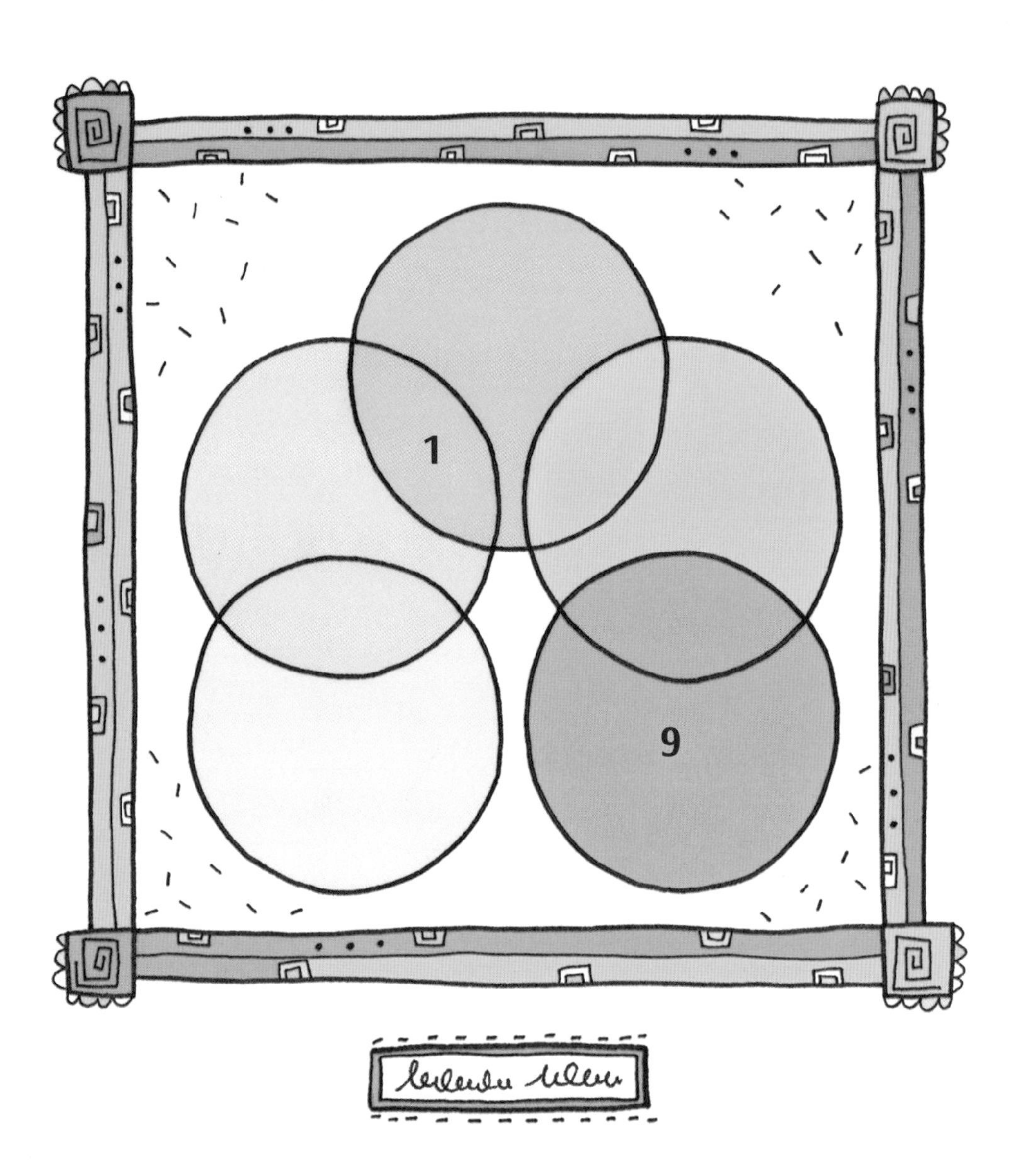

# 步步维艰

勇敢的探险家马可要从这些石头上踩着走过去，才能拿到智慧石。如果踩错，他就会掉下深渊。你能根据红色木牌上的提示，帮他找到一条安全的道路吗？

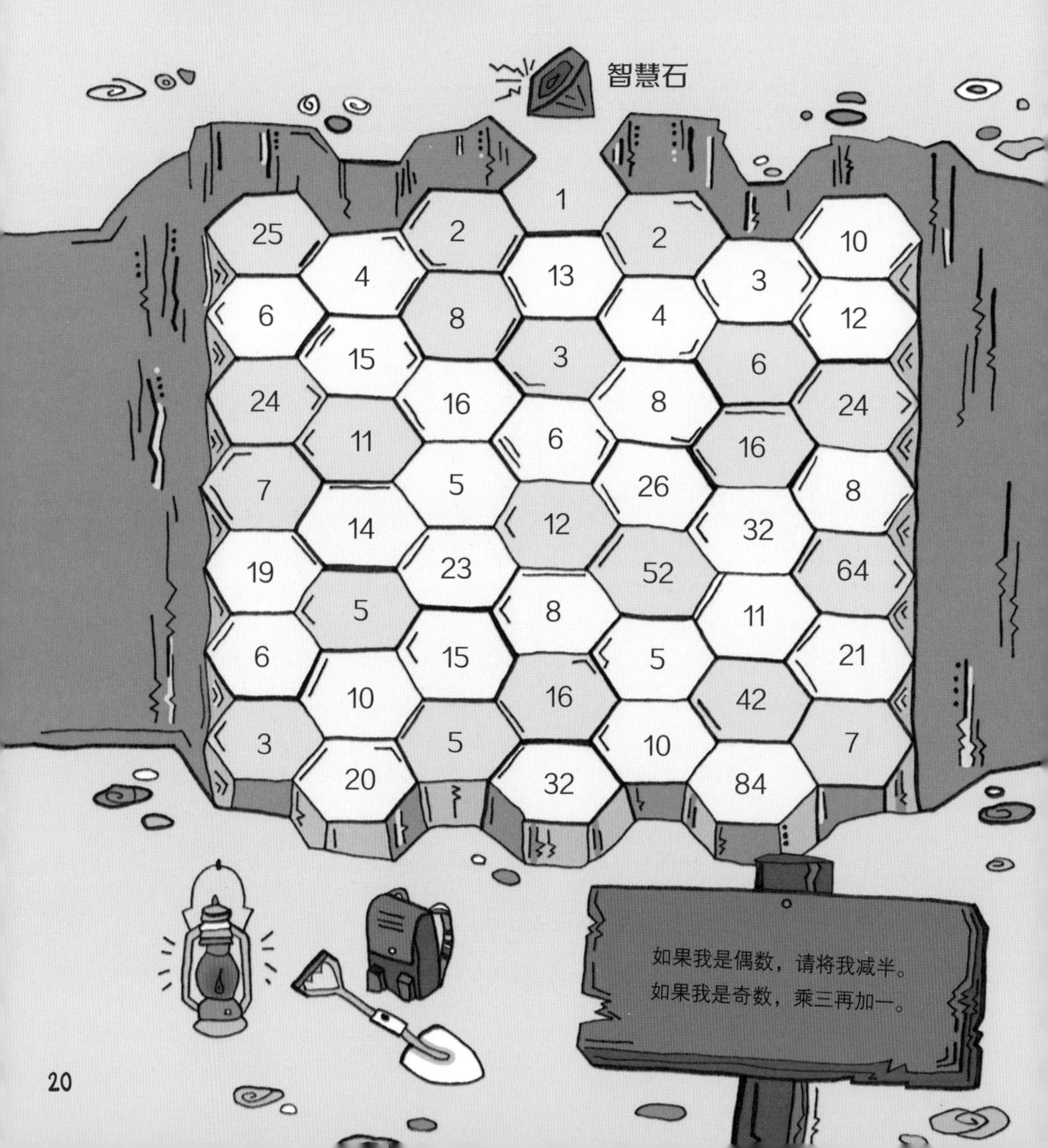

# 骰子游戏

如果将两颗骰子一起掷出，可以得到 36 种组合，将每种组合的点数相加，完成下面的表格，再回答问题。

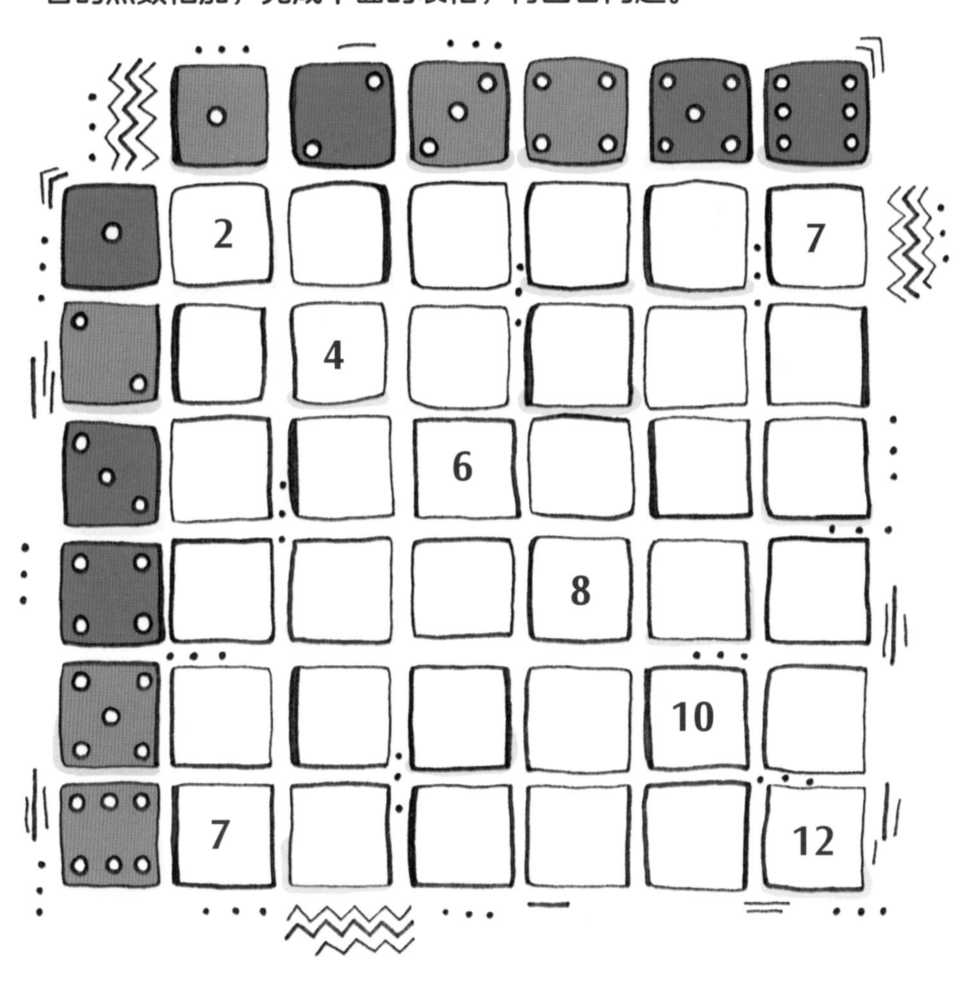


1. 最有可能得到的点数之和是几？ ________________

2. 哪两个点数之和出现的可能性最低？ ________________

3. 和“两次掷出的点数相同”相比，（　　）。

   A. 点数之和为 6 的概率更大

   B. 点数之和为 6 的概率更小

   C. 点数之和为 6 的概率一样

# 瓶子平衡术

这些瓶子真漂亮！每个瓶子上都标示了它们的重量。怎样让两边的瓶子重量相等呢？请在多余的瓶子上画“X”。

# 巧建围栏

沿着虚线，把这些格子分成 7 个部分，每个部分树的数量要与格子的数量相等。

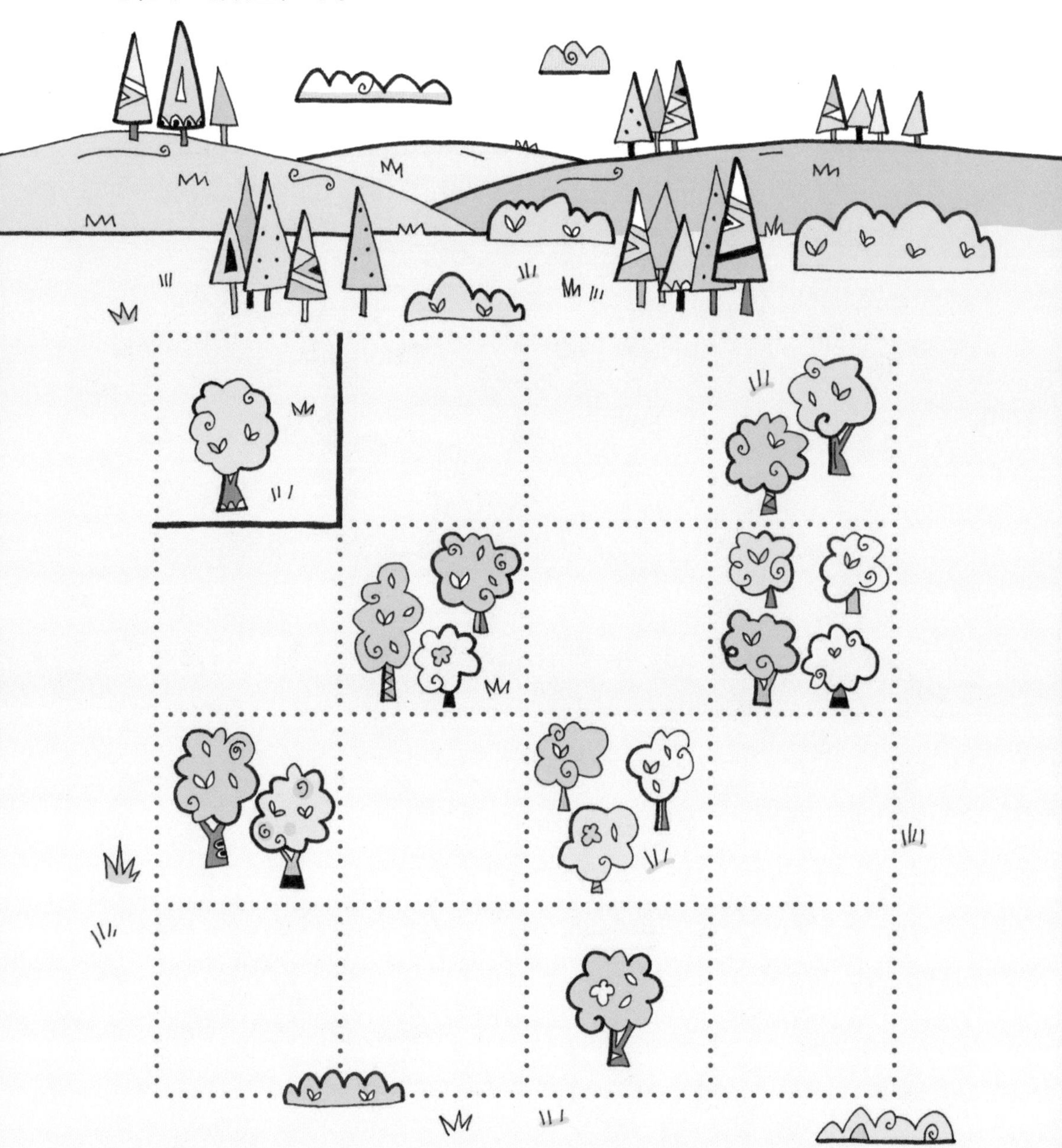

# 食蚁兽的早餐

每只食蚁兽早餐要吃 20 只蚂蚁才能吃饱。今天的蚂蚁够吃吗？会有食蚁兽挨饿吗？

# 自然科学笔记

为了研究蚂蚁，自然科学家南森制作了一张表格。你能帮他把正确的数据填在表格的空白处吗？

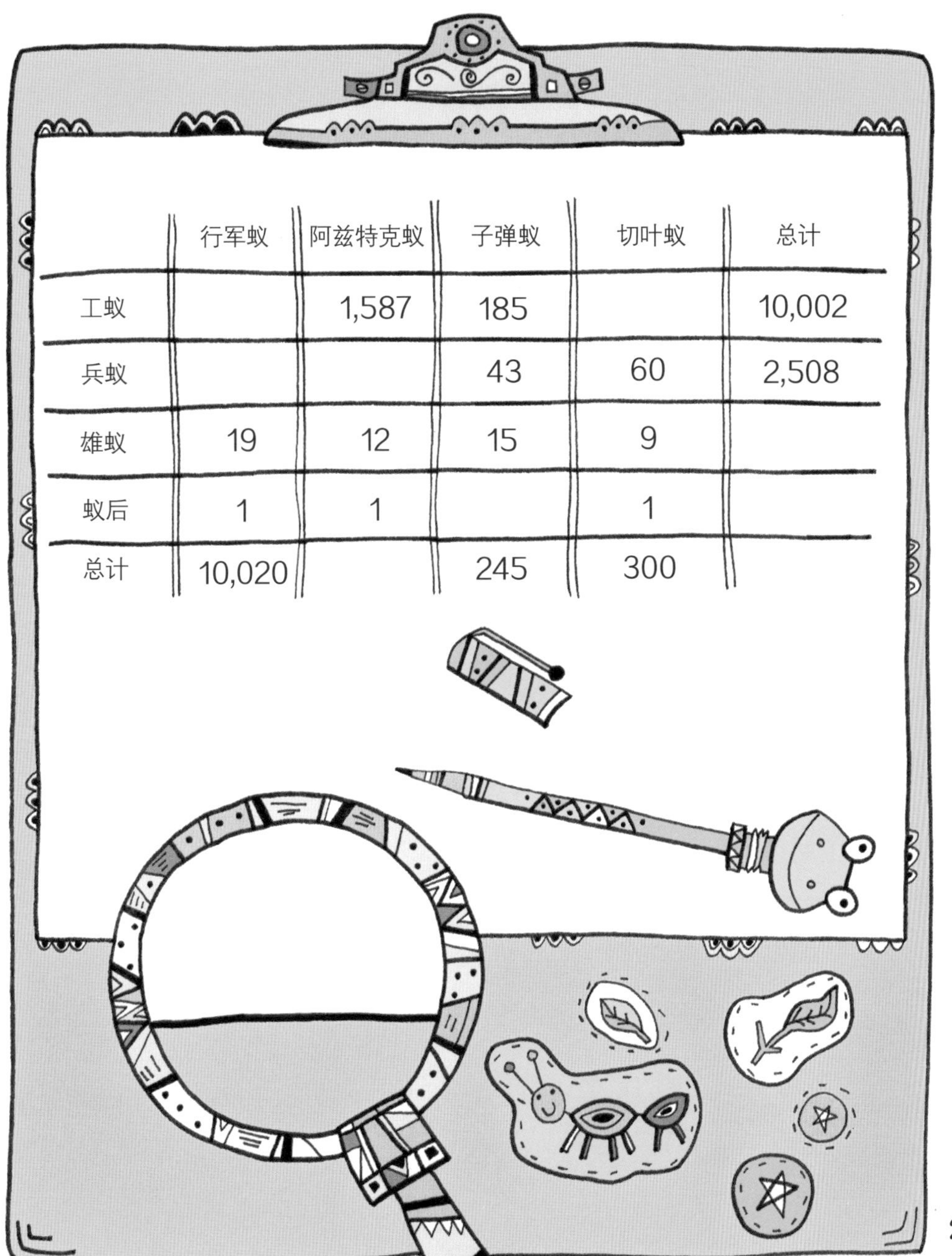

| | 行军蚁 | 阿兹特克蚁 | 子弹蚁 | 切叶蚁 | 总计 |
|---|---|---|---|---|---|
| 工蚁 | | 1,587 | 185 | | 10,002 |
| 兵蚁 | | | 43 | 60 | 2,508 |
| 雄蚁 | 19 | 12 | 15 | 9 | |
| 蚁后 | 1 | 1 | | 1 | |
| 总计 | 10,020 | | 245 | 300 | |

# 凑十五

拿出纸和笔，两个人一起玩吧。

游戏的目标是要找到三个数，使它们的和为15。

像右边那样，在纸上写出1—9这9个数。

| | | |
|---|---|---|
| 1 | 2 | 3 |
| 4 | 5 | 6 |
| 7 | 8 | 9 |

然后，一个人画圈，一个人画方框，两个人轮流选择一个数。谁先选到和为15的三个数，谁就赢了。每个数只能选一次。

4

在右边的这一局里，画圈的人赢了。

| | | |
|---|---|---|
| 1 | ②（圈） | 3（方框） |
| ④（圈） | 5（方框） | 6 |
| ⑦（圈） | 8（方框） | ⑨（圈） |

5

两个人可以换着顺序多玩几次，看看谁赢的次数多。

# 比萨饼谜题

比萨饼上外圈的数和中间的数有什么联系呢？请尝试按照同样的规律把另外三个比萨饼上缺失的数补上。

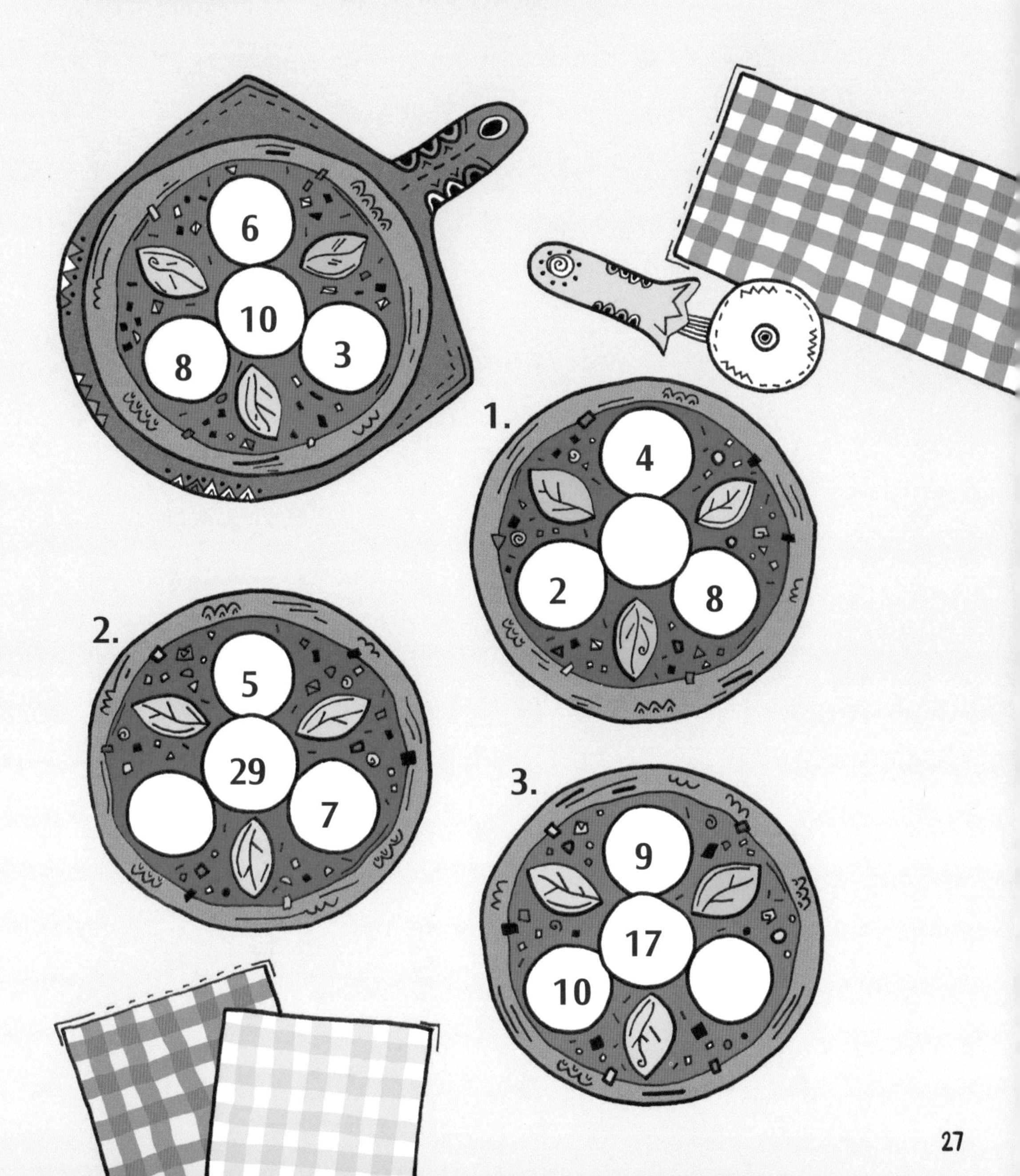

# 丢失的符号

下面的算式中，丢失了 +、−、×、÷ 中的哪些运算符号？帮忙补全这些运算符号，使算式成立吧。

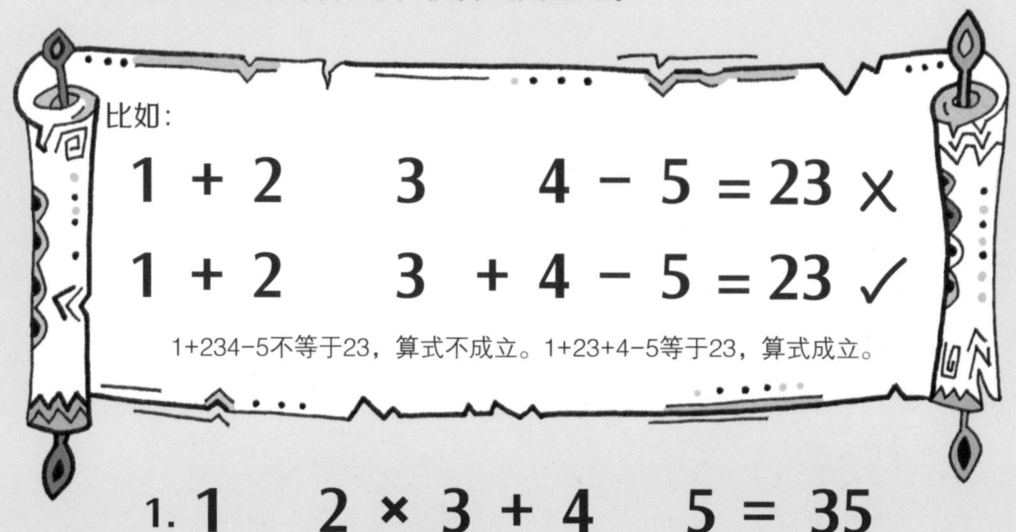


1. 1　2 × 3 + 4　5 = 35

2. 1　2　3　4　5 = 41

3. 1　2 × 3　4 + 5 = 14

4. 1 + 2 + 3 + 4　5 = 5

5. 1　2 − 3　4　5 = 54

6. 1　2　3　4　5 = 168

# 点点大变身

从 3 开始，把 3 的倍数对应的点依次相连，一只活灵活现的雨林动物就会出现啦！

# 电线上的小鸟

**请找出小鸟身上的数的规律，然后填出缺失的数。**

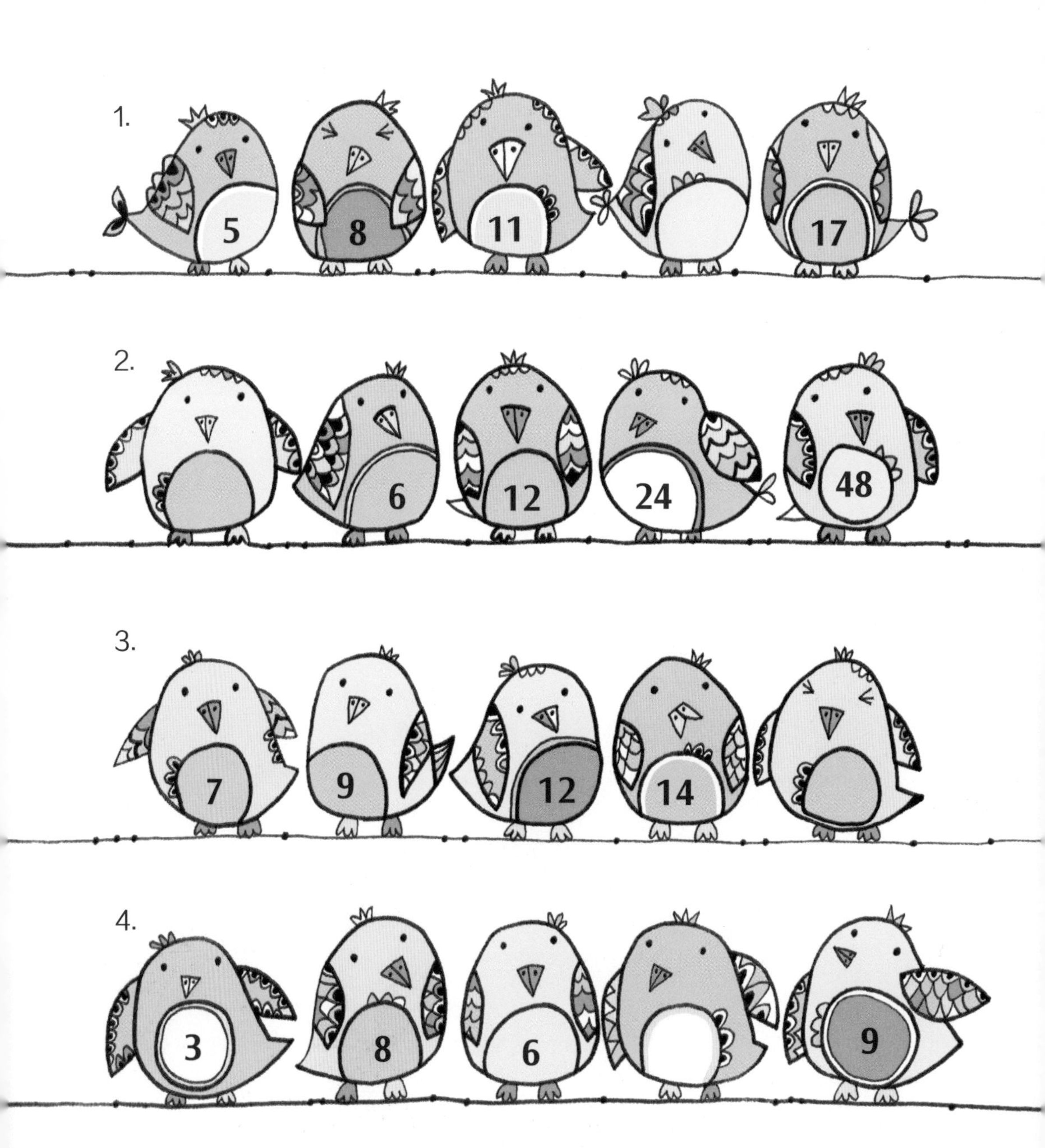

# 小岛连连看

用垂直或水平的线在小岛之间搭建桥梁，把小岛连接在一起。小岛上的数表示的是该岛桥梁的数量。注意，任意两座岛之间最多只能有两座桥哟！

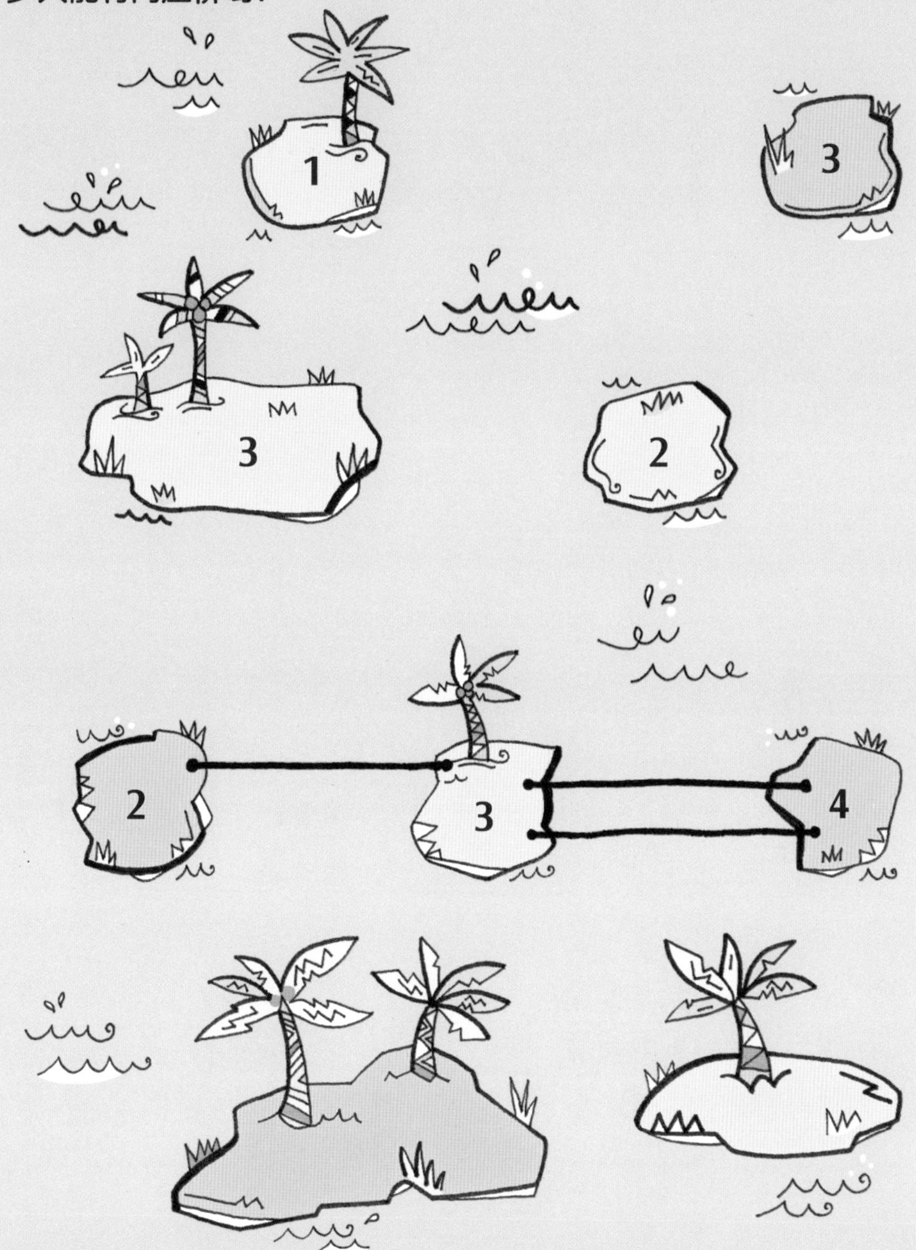

# 数学魔术师

用一个漂亮的数学魔术震惊你的朋友吧！展示之前记得多练习几遍。

1. 对朋友说：在脑海里想一个 1—10 之间的数。

2. 然后乘 2。

3. 再加 8。

4. 再把新得到的数除以 2。

5. 用得数减去你最开始想的那个数。

6. 把结果和字母按顺序对应起来，比如，1 对应 A，2 对应 B，依此类推。

7. 以得到的那个字母为首字母，想出一个国家的英文名。

8. 以那个国家的英文名的第二个字母为首字母，想出一个动物的英文名。

9. 告诉他，他想的一定是 elephant in Denmark（丹麦的大象），对不对？

（偷偷告诉你，这一招在99%的情况下都管用！）

## 神奇的数字

①

首先，准备一支笔和两张纸。或者，可以叫你的朋友拿一个计算器。

②

告诉朋友你会在纸上写下一个数，然后悄悄写下 1089。

③

让你的朋友写下一个三位数，要求每个数位上的数各不相同，比如 152。

④

再让你的朋友把这个三位数倒过来写，也就是 251。

⑤

然后，在刚才写的两个数中，让你的朋友用较大的数减去较小的数：251-152=99。

⑥

如果得数只有两位，就叫你的朋友在百位上添一个 0，那么得数就变成了 099。

⑦

然后，把新得到的数倒过来写，就变成了 990。

⑧

最后，把刚才的得数与新得到的数加在一起：99+990=1089。

⑨

现在，把你提前写下的 1089 展示出来吧！

# 方格游戏

你能将 1—8 中缺失的 5 个数填入下面的方格中，使每一横排、每一竖排黄色方格中的数之和都等于 12 吗？

# 动物连线

从 4 开始，把 4 的倍数按照从小到大的顺序用线连起来吧。你会看到一只来自澳大利亚的动物。

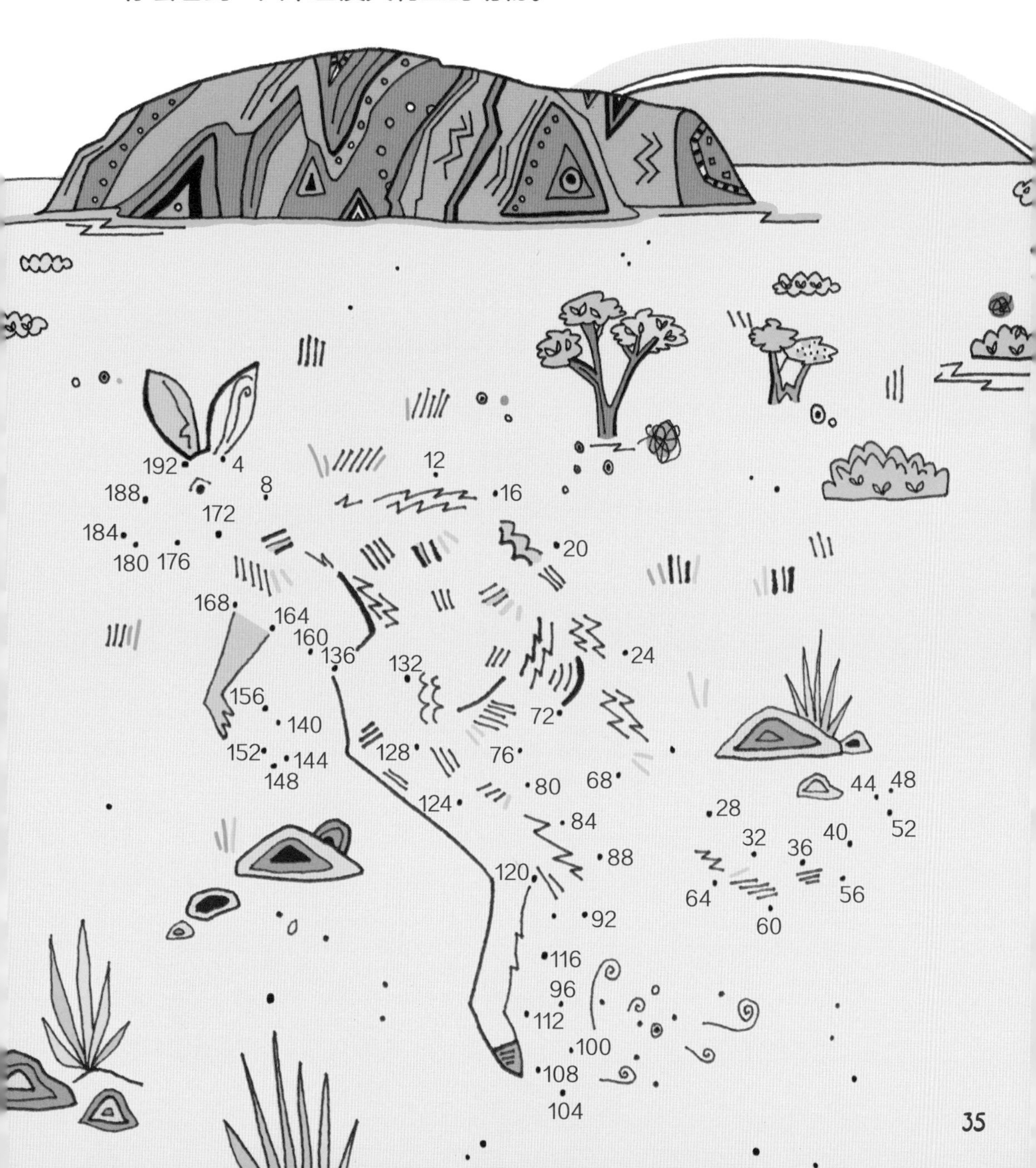

挑战难度 ★★★★

# 推理填数

**根据下面的线索，把相应的数字填到格子里吧。**

横向：

1. 三十八万六千七百二十一
4. 307+308+309+310
6. 小艾生于 1994 年，哪一年她 9 岁？
9. 十三万三千九百五十六

纵向：

1. 96+107+118
2. (8×80)+(80×80)
3. 是横向线索 4 答案各数位上的数相加之和
5. (4×8×100)+3+7+13
7. 闰年一年有多少天？
8. 3×7

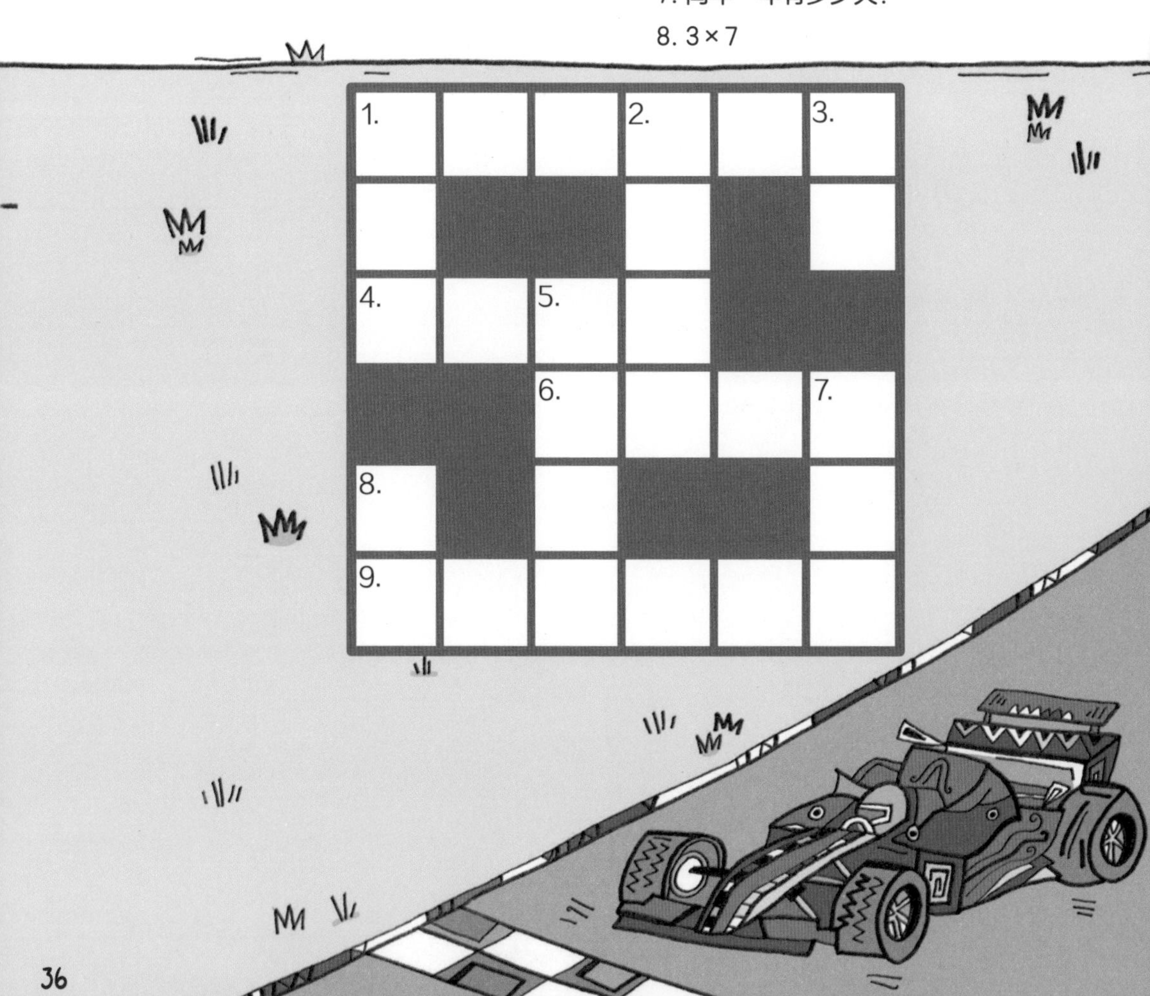

# 赛车锦标赛

谁是冠军？下面这张表展示了赛车手在每场比赛中获得的名次，不同的名次对应不同的分数。算一算每位赛车手的最终得分，然后将前三名的名字写在下面的奖杯上。

| 名次 | 第1名 | 第2名 | 第3名 | 第4名 | 第5名 |
|---|---|---|---|---|---|
| 得分 | 30 | 20 | 15 | 10 | 5 |

| 比赛场次 | 史蒂夫舰队 | 神速马克思 | 飞速维拉 | 格里超光速 | 菲斯特飞鹰 |
|---|---|---|---|---|---|
| 1 | 第1名 | 第2名 | 第4名 10 | 第5名 | 第3名 |
| 2 | 第5名 | 第1名 | 第2名 20 | 第3名 | 第5名 |
| 3 | 第4名 | 第2名 | 第5名 5 | 第3名 | 第1名 |
| 4 | 第3名 | 第3名 | 第1名 30 | 第2名 | 第4名 |
| 5 | 第1名 | 第2名 | 第3名 15 | 第4名 | 第5名 |
| 6 | 第2名 | 第4名 | 第5名 5 | 第3名 | 第1名 |
| | | | 85 | | |

# 甲虫游戏

准备好纸和笔，这个游戏需要两个人或多个人一起玩。

①

给每个人一支笔和几张纸。最先画出下面这样一只甲虫的人获胜。

②

甲虫的各个部分不是想画就可以画的，需要先得到相应的数。你们可以掷骰子，也可以轮流闭着眼睛从右边那一页上指一个数。

③

只有掷出或指出一个6，才可以开始画甲虫的身体。注意，只有先画了头，才能画眼睛和触角。

④

最先画完的人，可以喊出“甲虫”，这样他就获胜了。

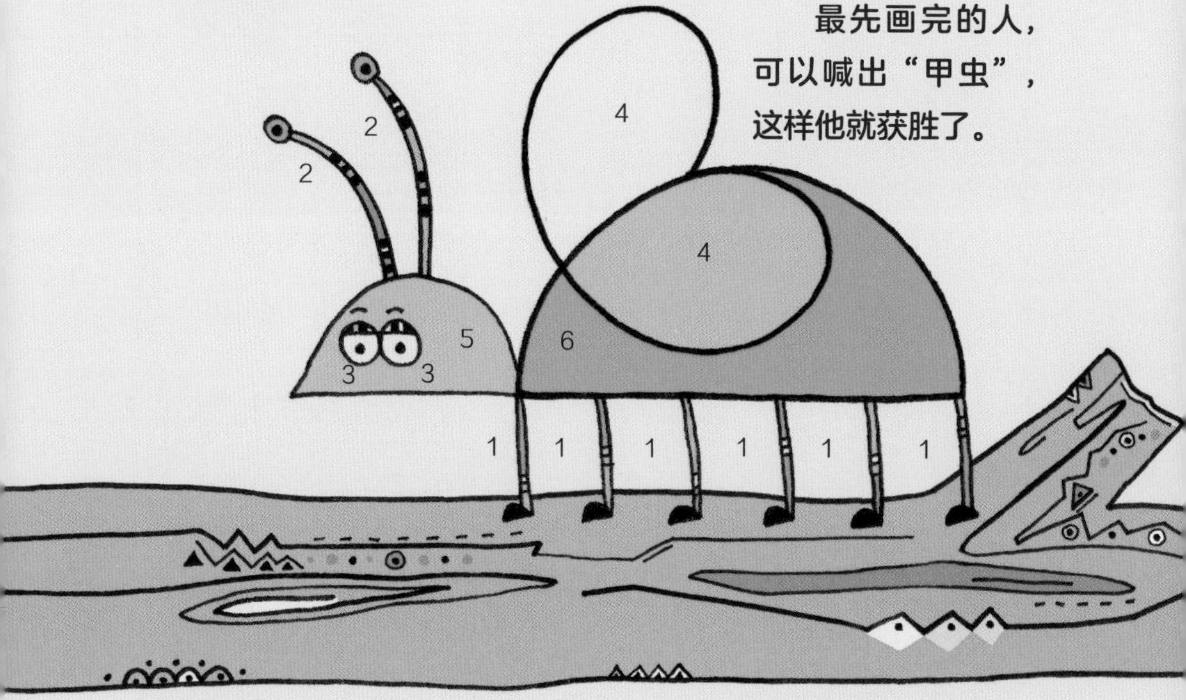

6-身体　5-头　4-翅膀　3-眼睛　2-触角　1-腿

| | | | | | | | | | | | | | | | |
|---|---|---|---|---|---|---|---|---|---|---|---|---|---|---|---|
| 2 | 4 | 1 | 6 | 3 | 1 | 4 | 3 | 5 | 1 | 3 | 4 | 5 | 2 | 5 | 2 |
| 5 | 2 | 5 | 3 | 4 | 2 | 6 | 1 | 6 | 2 | 2 | 3 | 2 | 6 | 3 | 4 |
| 3 | 3 | 3 | 4 | 6 | 1 | 1 | 1 | 2 | 2 | 3 | 3 | 1 | 4 | 5 | 5 |
| 5 | 3 | 4 | 6 | 1 | 1 | 4 | 5 | 3 | 4 | 1 | 6 | 5 | 3 | 6 | 2 |
| 4 | 6 | 6 | 3 | 2 | 2 | 1 | 4 | 3 | 1 | 5 | 2 | 3 | 5 | 4 | 3 |
| 2 | 4 | 4 | 3 | 1 | 3 | 1 | 5 | 5 | 1 | 2 | 1 | 6 | 2 | 3 | 1 |
| 4 | 1 | 4 | 3 | 4 | 6 | 2 | 3 | 3 | 2 | 6 | 2 | 5 | 6 | 6 | 1 |
| 4 | 1 | 1 | 4 | 5 | 1 | 2 | 4 | 1 | 6 | 5 | 6 | 5 | 1 | 5 | 1 |
| 6 | 1 | 5 | 3 | 2 | 6 | 2 | 2 | 5 | 6 | 2 | 2 | 4 | 1 | 5 | 1 |
| 2 | 1 | 4 | 2 | 2 | 5 | 5 | 2 | 3 | 1 | 5 | 6 | 6 | 5 | 2 | 6 |
| 4 | 5 | 4 | 2 | 3 | 3 | 6 | 2 | 6 | 4 | 1 | 3 | 6 | 5 | 1 | 5 |
| 3 | 2 | 5 | 5 | 4 | 1 | 1 | 3 | 1 | 6 | 6 | 2 | 1 | 5 | 1 | 5 |
| 6 | 6 | 3 | 3 | 3 | 1 | 5 | 2 | 6 | 4 | 2 | 1 | 1 | 6 | 4 | 1 |
| 3 | 2 | 3 | 2 | 3 | 3 | 3 | 4 | 6 | 6 | 6 | 4 | 2 | 1 | 2 | 5 |
| 3 | 6 | 5 | 6 | 1 | 5 | 6 | 2 | 6 | 5 | 4 | 4 | 3 | 4 | 1 | 4 |
| 3 | 1 | 1 | 1 | 5 | 6 | 4 | 4 | 2 | 4 | 5 | 5 | 1 | 2 | 3 | 4 |
| 5 | 3 | 5 | 3 | 4 | 5 | 5 | 3 | 1 | 1 | 4 | 2 | 4 | 5 | 4 | 2 |
| 6 | 1 | 2 | 1 | 5 | 6 | 4 | 4 | 2 | 5 | 6 | 6 | 2 | 4 | 3 | 4 |
| 4 | 4 | 1 | 6 | 1 | 4 | 5 | 5 | 3 | 3 | 5 | 2 | 2 | 1 | 3 | 1 |
| 2 | 1 | 5 | 4 | 4 | 4 | 3 | 4 | 6 | 2 | 6 | 4 | 5 | 4 | 3 | 6 |

# 玛雅数学

中美洲的玛雅人用点和横来记数。根据下面的提示，试试看，你能完成最后一道算式吗？

• • ＋ • • • ＝ —

• — ＋ • • • • ＝ — —

• • • • — － • • — ＝ • •

• • • — — － • — ＝ • • —

• — — ＋ • • • — ＝ ______?

# 六格数独（一）

下面的大方格被分成了 6 块，每块里有 6 个小方格。你能把数 1—6 填入空白的小方格中，使每一行、每一列、每一块里都包含这 6 个数吗？

|  |  | 5 |  |  | 3 |
|---|---|---|---|---|---|
|  |  | 2 | 1 |  |  |
| 2 |  |  | 4 | 6 | 1 |
|  |  |  | 5 |  |  |
| 6 |  |  | 2 |  | 5 |
|  |  | 1 |  |  | 6 |

# 羊驼走迷宫

小羊驼找不到妈妈了，请你帮它穿过这些古老的废墟，找到羊驼妈妈。路上的数字表示的是经过这里所要花的秒数。你能帮它在 30 秒之内走完这段路吗？

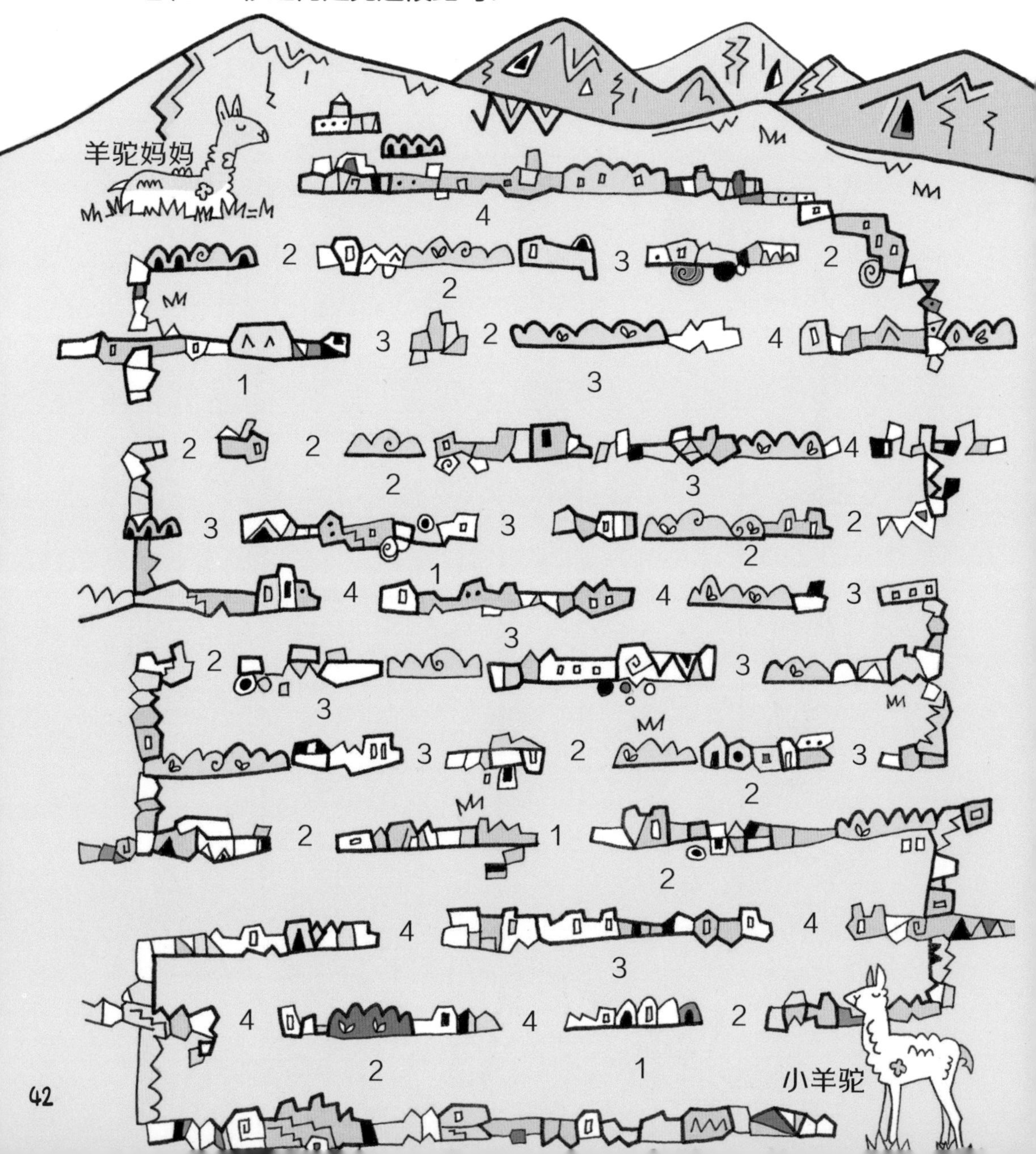

# 蜂鸟有几只

找找看，是紫色脸颊的蜂鸟多，还是紫色脖子的蜂鸟多呢？

# 凑整网球

这个游戏需要两个人一起玩哟。

①

要玩这个游戏，首先需要找出和为 10 的几对数。

②

然后两人面对面站着，假装手里拿着网球拍。“发球”的同时喊出一个数。

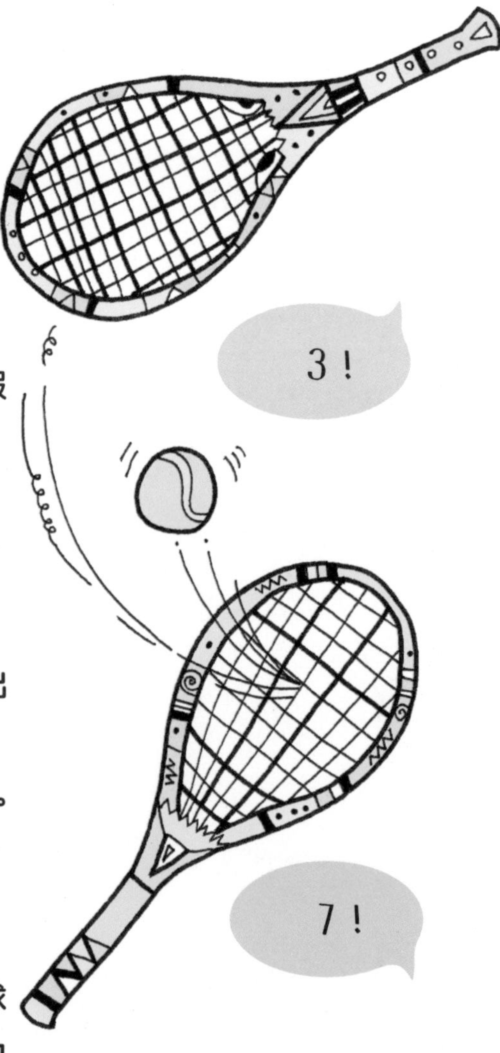


③

“接球”的那一位要喊出可以和这个数凑成 10 的数。然后,“发球”的人再喊一个数。

④

几轮之后，可以调换发球的顺序，也可以把凑 10 改为凑 20、凑 50，甚至凑 100。

# 填数游戏（一）

你能把下面的数都填入上面的白色方格中吗?

5
5
0

| | | | |
|---|---|---|---|
| 345 | 3424 | 8254 | 128453 |
| 376 | 3649 | 25035 | 434709 |
| 492 | 4326 | 31827 | 468738 |
| ~~550~~ | 4761 | 63978 | 719782 |
| 662 | 5634 | 79733 | 727405 |
| 883 | 5979 | | |
| | 8155 | | |

# 神奇的路牌

把 1—9 之间的其他几个数填在这个路牌上，使圆圈里的数是与之相邻的 4 个方格里的数之和，相同颜色方格里的数相加又等于下面一条街上对应颜色的路牌上的数。

# 挑食的鹦鹉

这两只漂亮的鹦鹉都有点挑食。橙色鹦鹉只吃数字为 2 的倍数的果子，黄色鹦鹉只吃数字为 3 的倍数的果子。算一算，哪只鹦鹉吃的果子更多一些呢？

# 答案圈出来

这些算式看起来不对，实际上，答案就藏在等号右边的那一串数字里。像示例那样，把正确的答案圈出来吧。

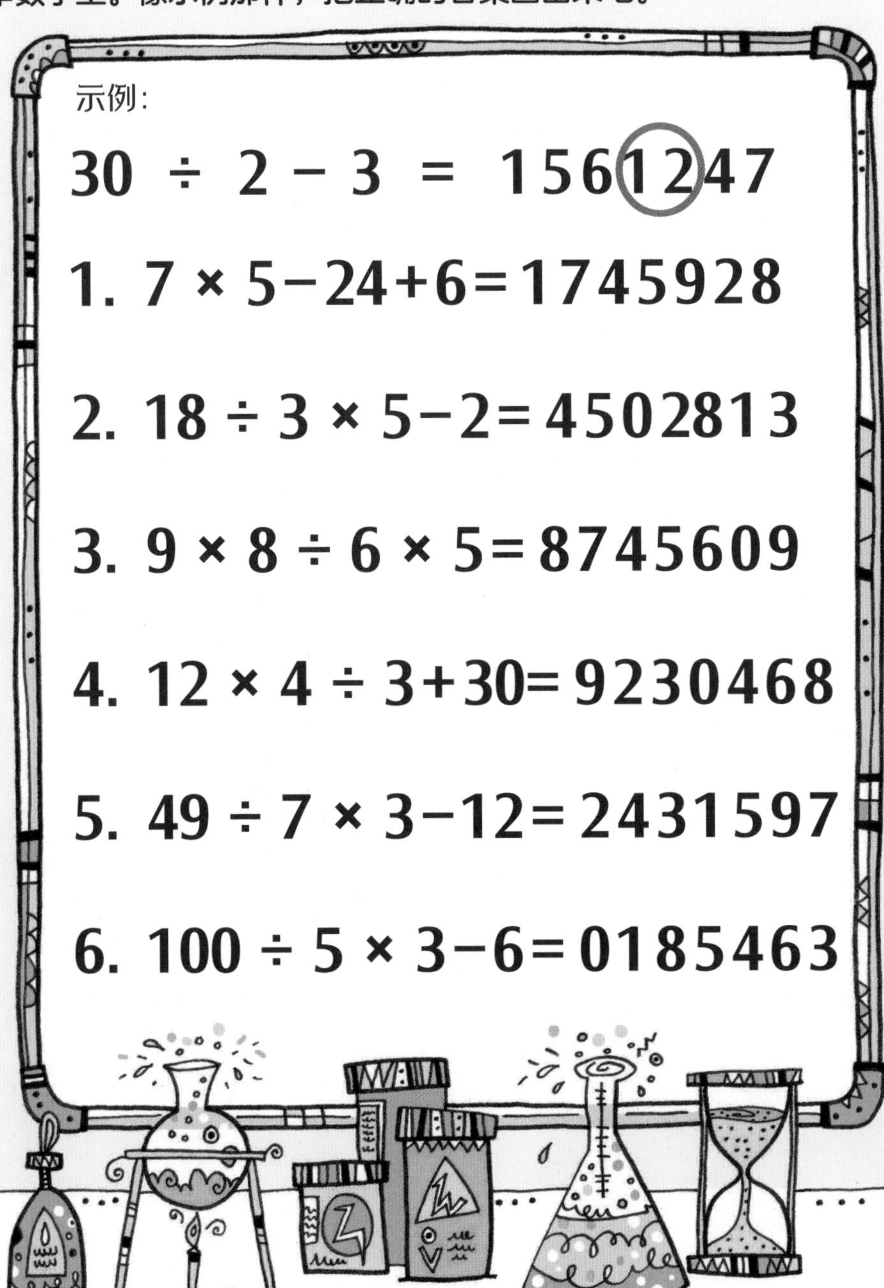

# 隐形的翅膀

在下面这些色块中，给数字为 5 的倍数的色块涂上颜色吧。

# 避开数字6

这个游戏需要两个人一起玩，谁先使一行、一列或一条对角线上的数之和为 6，谁就输了。

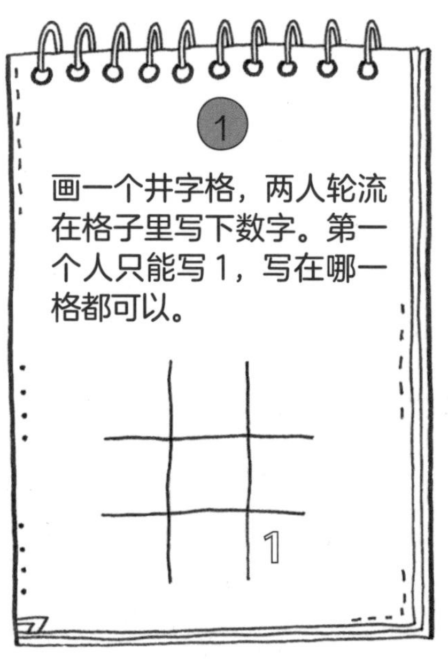


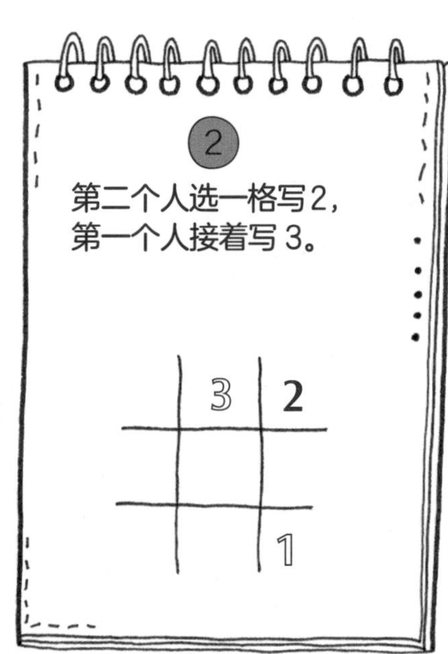


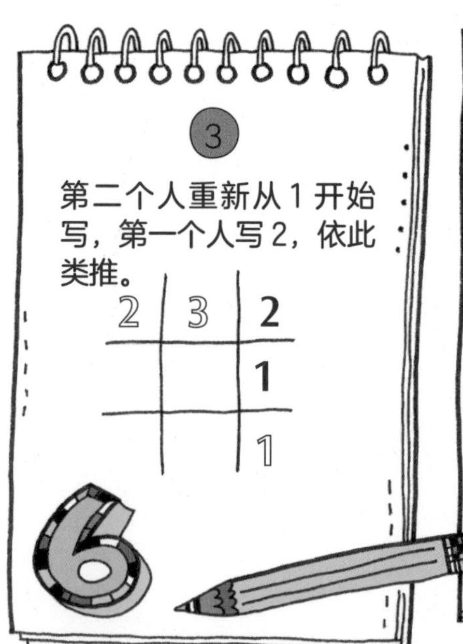


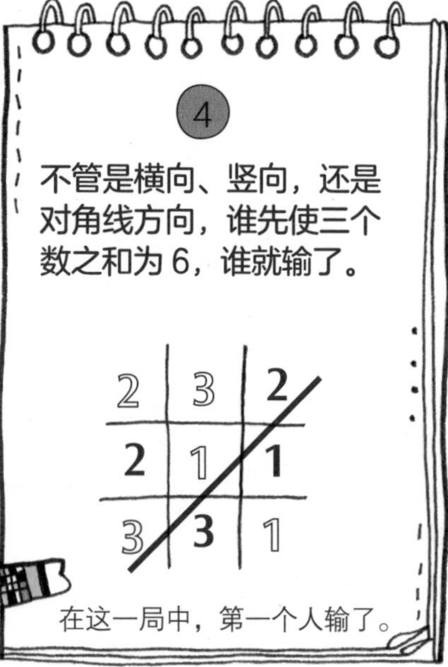

# 神秘的面具

观察左上角的面具，外圈的三个数是如何通过四则运算得出中间那个数的呢？找到规律以后，把另外三个面具上缺失的数也填出来吧。

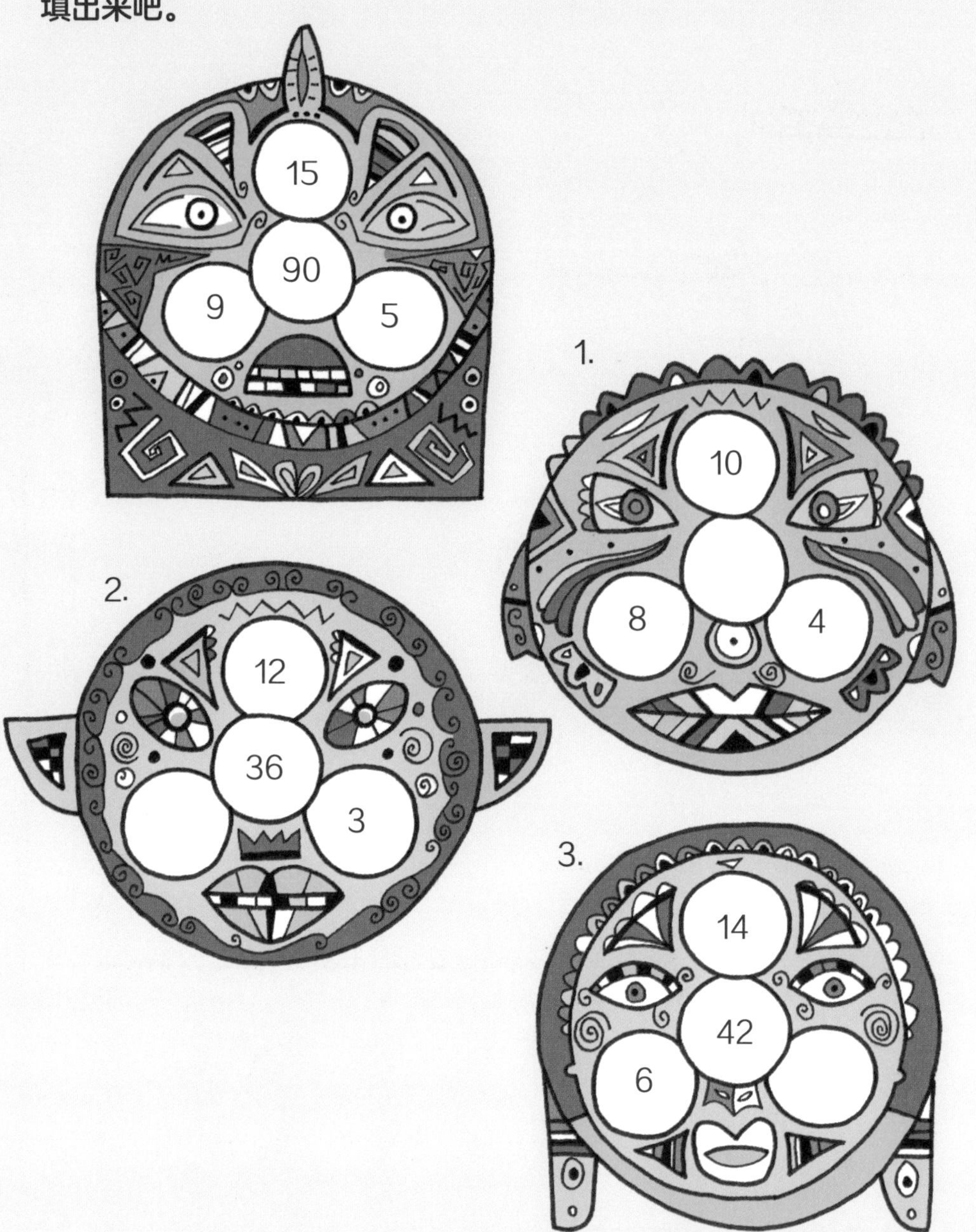

# 搭桥游戏

看到下面那些小岛了吗？用垂直或者水平的线当作桥梁，把小岛连起来吧。记住，每座小岛上桥梁的数量要跟小岛上的数是一样的。

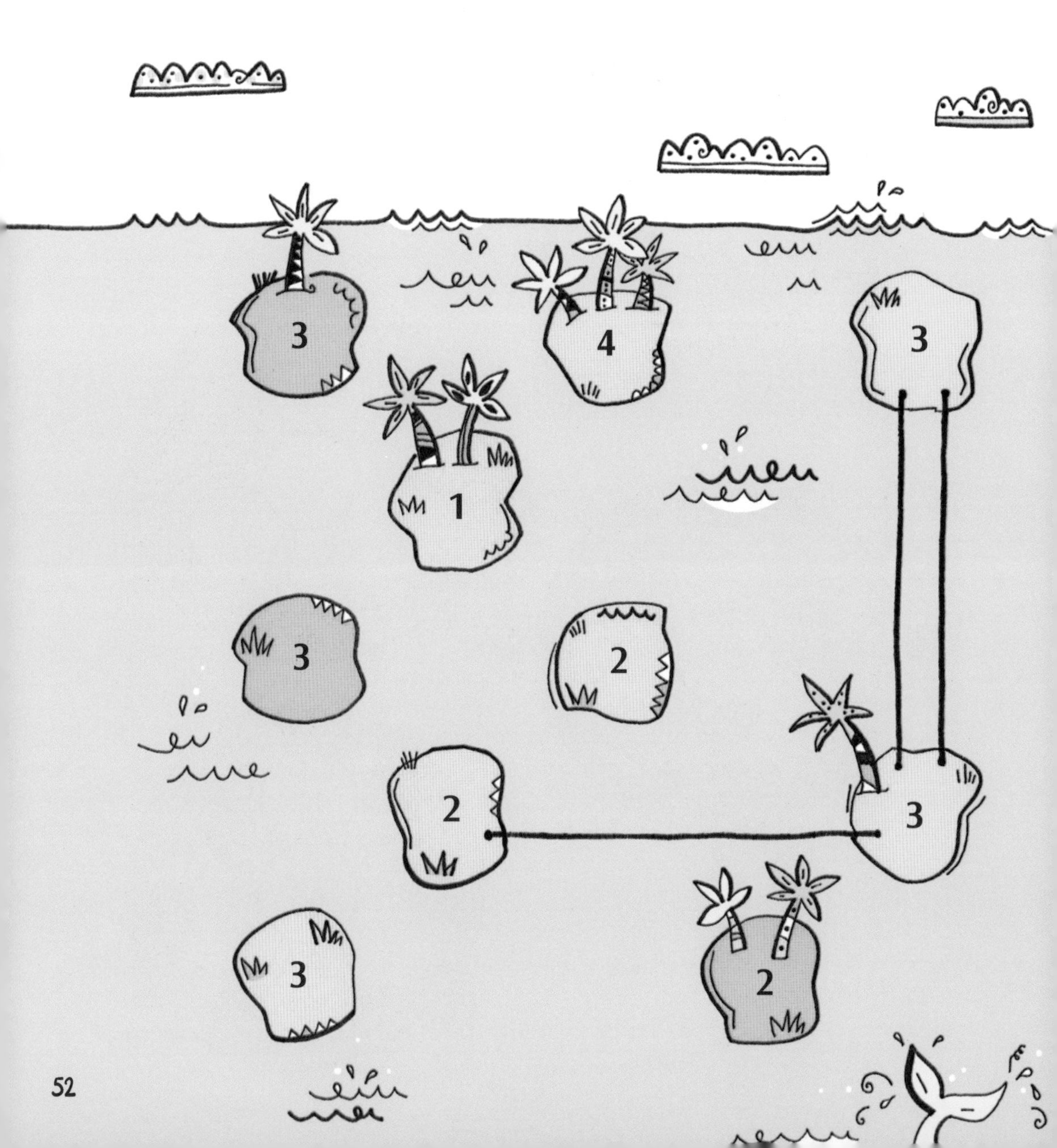

# 字母做加法

在下面的单词中，不同的字母代表 1—7 中不同的数，等号右边是这些数的和。你能找出每个字母对应的数，然后算出最后一个单词对应的值吗？

see = 14

her = 17

as = 3

free = 19

as the = 21

sea = 9

feathers = ?

# 蜜蜂的路线

蜜蜂想沿着虚线从黄色的花飞到橙色的花上，可它只喜欢在标号为奇数的花上面停留。你能帮它画出合适的路线吗？

# 风车算术题

请把数 1—9 填入方格中，使每行、每列的数之和等于该行、该列两端三角形内的数。数可以重复使用，但同一行、同一列的数不能重复。

# 机器人天平

咦，前两个天平都是平衡的，第三个天平却倒向了左边。原来，每个机器人的重量是不一样的，应该在第三个天平的右边加上哪个机器人呢？把你的答案画上去吧。

# 神奇的方格

你能在黄色格子中填入 1—8 中的数，使其不与已有的数重复，且每一行、每一列三个黄色格子中的数之和都等于中间白色格子里的数吗？

# 石头垒的墙

在空白的石头上填入数，使每块石头上的数都是下面相邻的两块石头上的数之和。

# 房子怎么选

萨拉想租房子，现在有三个选择，价格都一样。她想要面积最大的，应该选哪一个呢？

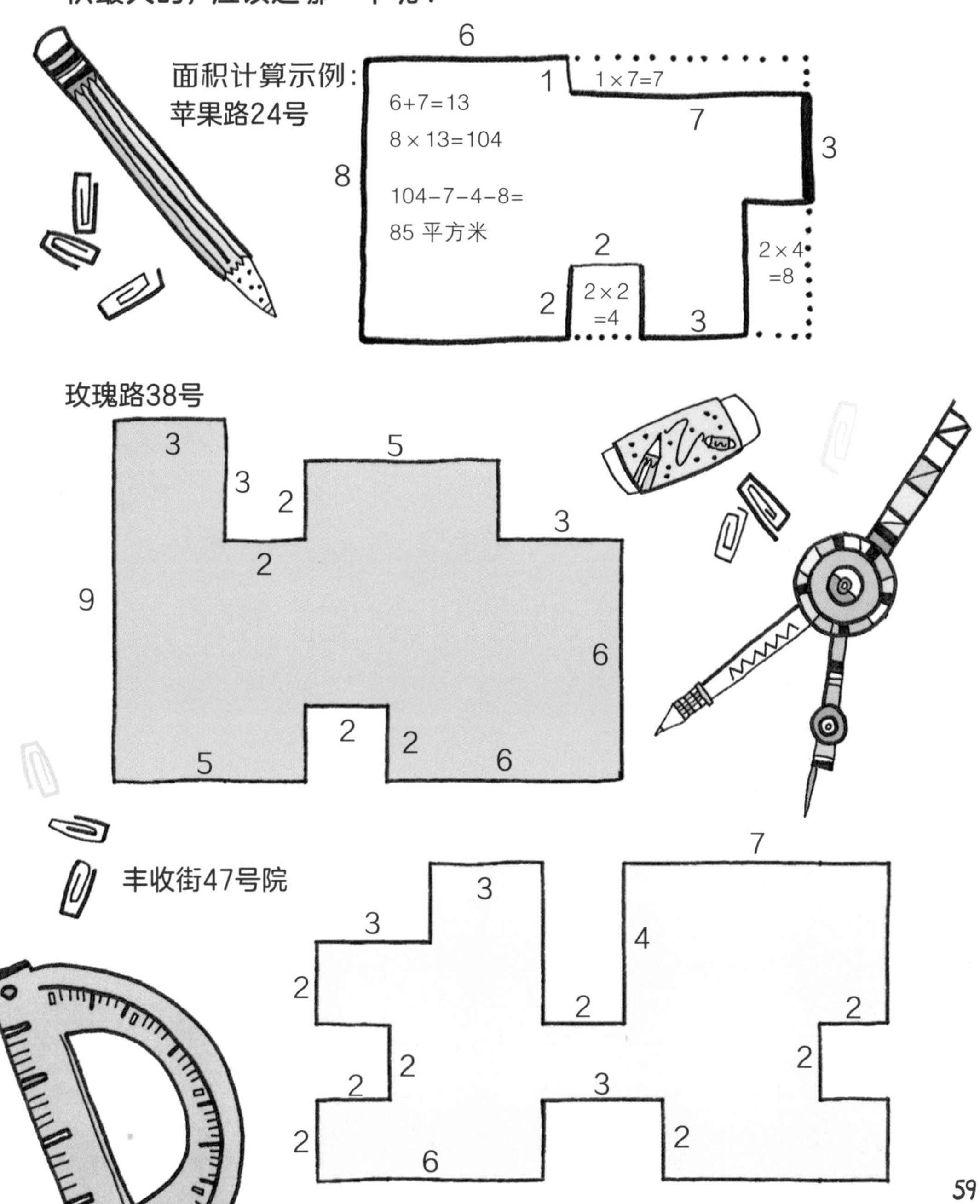

# 最后的鹅卵石

这个游戏需要两个玩家一起进行。两个玩家轮流勾掉任意数量的鹅卵石，只需要在同一排即可。轮到谁勾掉最后一颗鹅卵石，谁就输了。两个玩家可以轮流第一个勾哟。

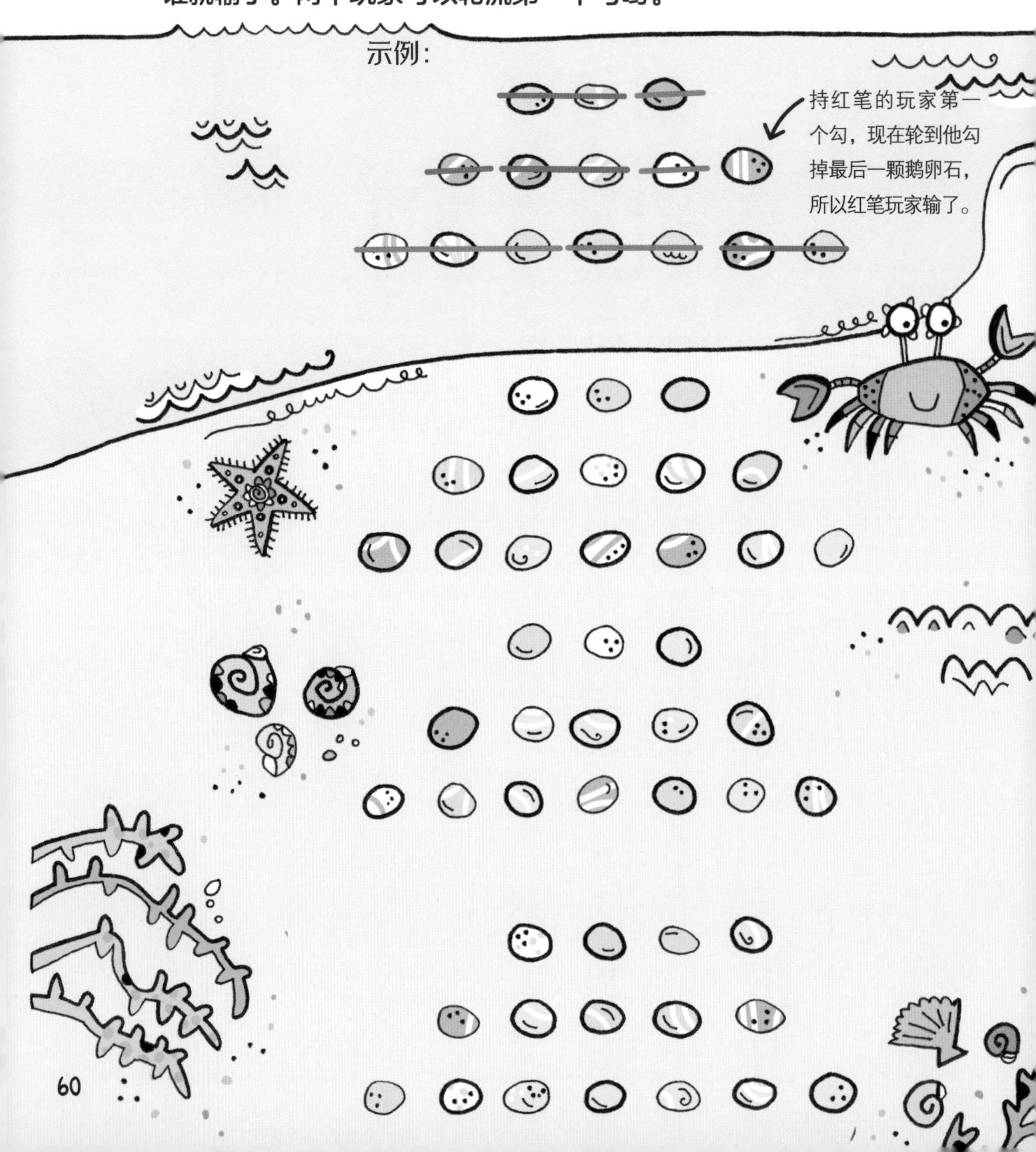

# 河狸搬木头

两只河狸忙着搬木头，贝尼每次搬得比本奇多一倍，本奇搬得比贝尼快一倍。

如果贝尼6分钟可以运6块木头，那么本奇6分钟可以运多少块木头呢？

答案：________________

# 符号不见了

下面的算式里，运算符号 +、−、×、÷ 不见了。你能把它们找回来吗？

示例：

$$5 + 4\ \ 3 - 2 - 1 = 49 \times$$

$$5 + 4\ \ 3 + 2 - 1 = 49 \checkmark$$

（5+43−2−1 不等于49，但 5+43+2−1 等于49。）

挑战难度 ★★

# 隐藏的动物

给带有 4 的倍数的区域都涂上颜色，看看你会得到一只什么动物。

21 10 7
33 73 106 78
2 18 66
91 28 34 50
43 31 22 8
88 29
4 100 51 94
26 20 61 85 62 23
35 40 53 111 44 24
36 32
17 46 72
12 76
80 56
57 52 64 68
19
48 3
60 87
98 39 59
83 86 70 6
13
66 25 53
8 16 30
27 14
102 74
45
74 82
49 90 58 63

# 挑糖果啦

你有 10 元钱可以买糖果，每种糖果只能买一颗，要怎么选，才能把这 10 元钱不多不少地花出去呢？

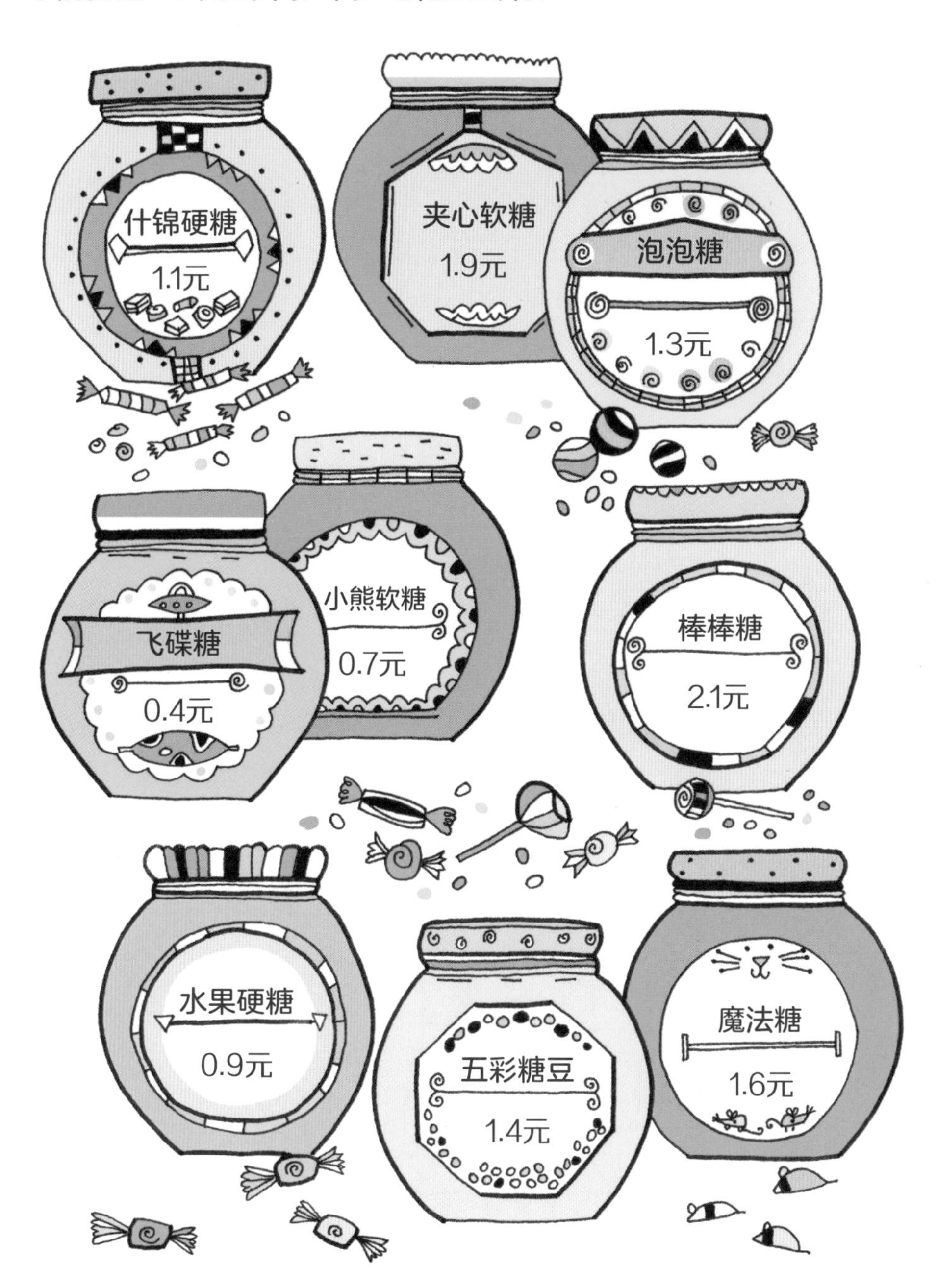

# 字母变数字

这个游戏需要用到纸和笔，可以两个人或多个人一起玩。

①

在这个游戏中，每个字母对应一个数，a 对应 1，b 对应 2，依此类推，z 对应 26。

②

出题者首先规定一个范围，如动物、运动、工作、国家等。

③

其他人有一分钟的时间，在纸上写下符合这个范围的单词，注意，只能是单个的单词，不能是 polar bear 这样的词组。

④

根据单词每个字母对应的数值，算出总和。谁的得分高，谁就赢了。

写的单词最长的人不一定会赢。

zebra(斑马) = 52

lynx(猞猁) = 75

alligator(短吻鳄) = 95

chimpanzee(黑猩猩) = 100

squirrel(松鼠) = 119

| a | b | c | d | e | f | g | h | i | j | k | l | m |
|---|---|---|---|---|---|---|---|---|---|---|---|---|
| 1 | 2 | 3 | 4 | 5 | 6 | 7 | 8 | 9 | 10 | 11 | 12 | 13 |

| n | o | p | q | r | s | t | u | v | w | x | y | z |
|---|---|---|---|---|---|---|---|---|---|---|---|---|
| 14 | 15 | 16 | 17 | 18 | 19 | 20 | 21 | 22 | 23 | 24 | 25 | 26 |

# 动物排排坐

下面有四种动物，每种动物分别代表 2，4，6，8 中的一个数。你能推算出每种动物代表哪个数吗？

# 士兵的盾牌

每个士兵盾牌上的图案都不一样，让我们来装饰盾牌吧。盾牌外沿有一圈数，中间有一个数。先从外沿的数中找到中间那个数的最小倍数，然后从小到大将其他倍数依次连起来。数到两位数时，只看个位就可以。比如，在示例中，8 后面是 10，此时与 0 相连即可。

下面的大方格被分成了 6 部分，每个部分包含 6 个小方格。请在小方格里填入罗马数字 I、II、III、IV、V、VI，使得每横排、每纵列、每个部分的数都不重复。

I=1　II=2　III=3　IV=4　V=5　VI=6

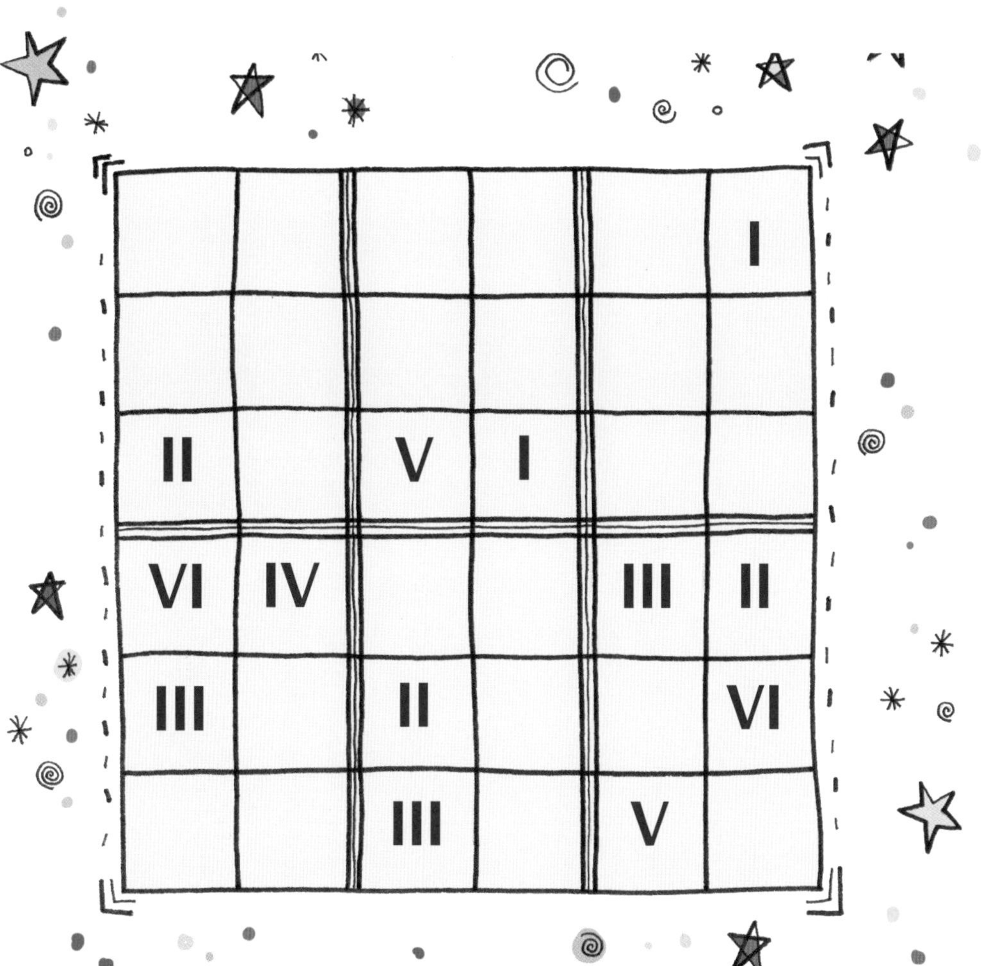

| | | | | | |
|---|---|---|---|---|---|
| | | | | | I |
| | | | | | |
| II | | V | I | | |
| VI | IV | | | III | II |
| III | | II | | | VI |
| | | III | | V | |

# 美丽的冬景

在下面的网格上将每对字母和数表示的点依次用线连起来，你会看到一幅美丽的冬景。还可以自己加一些细节哟。

J1, J6, I6, I3, H1, B1, A3, A6, B8, C9, B11, B12, C14, B14, C14, C16, G16, G14, H14, G14, H12, H11, G9, H8, I6, J6, J8, I10, I12, K12, K10, J8

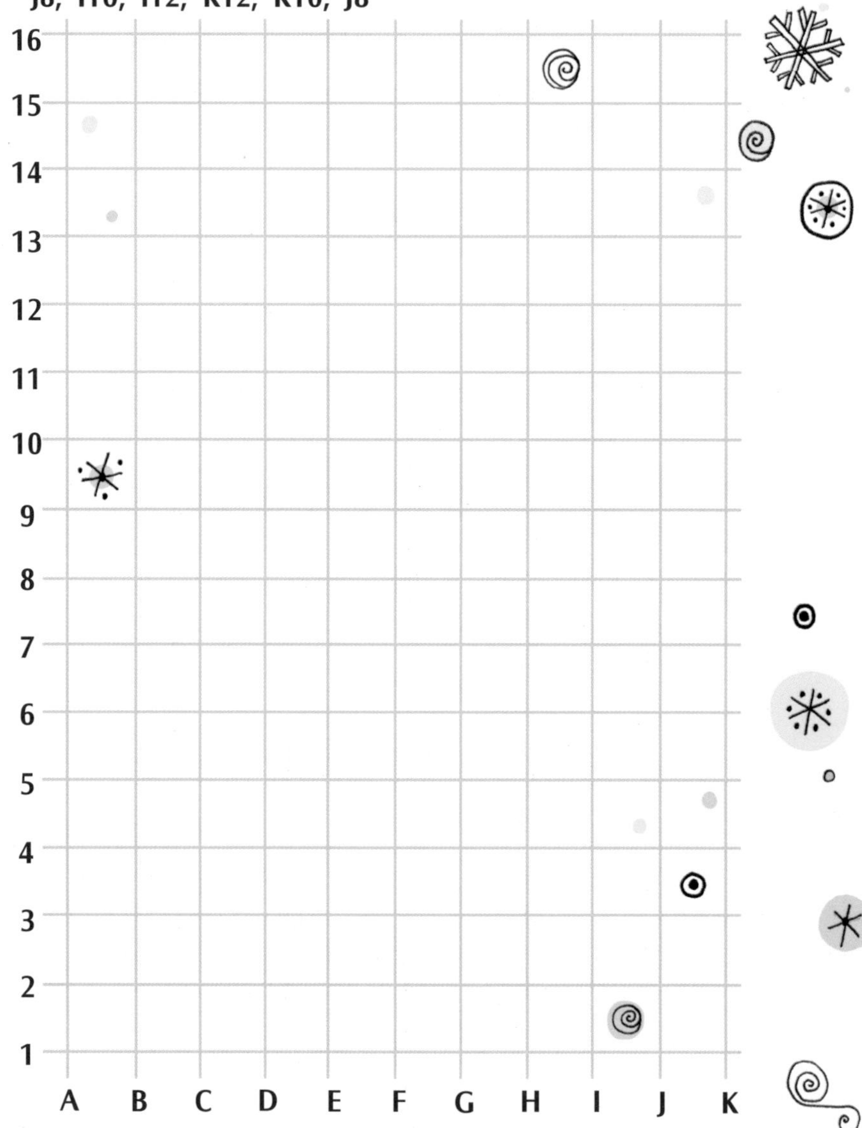

# 字母算术题

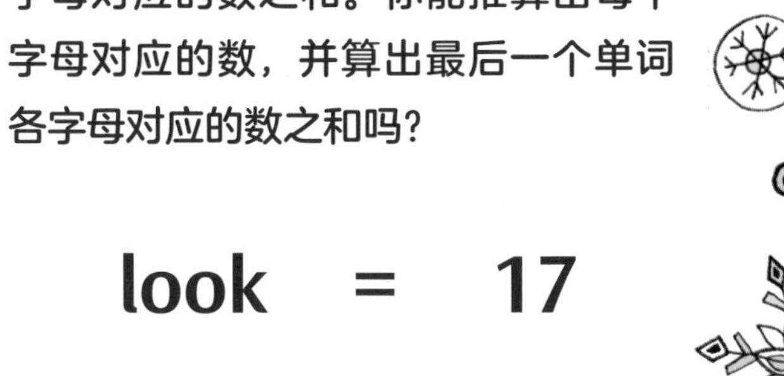

在下面的单词中，不同的字母代表 1—9 中不同的数，等号右边是这些字母对应的数之和。你能推算出每个字母对应的数，并算出最后一个单词各字母对应的数之和吗？

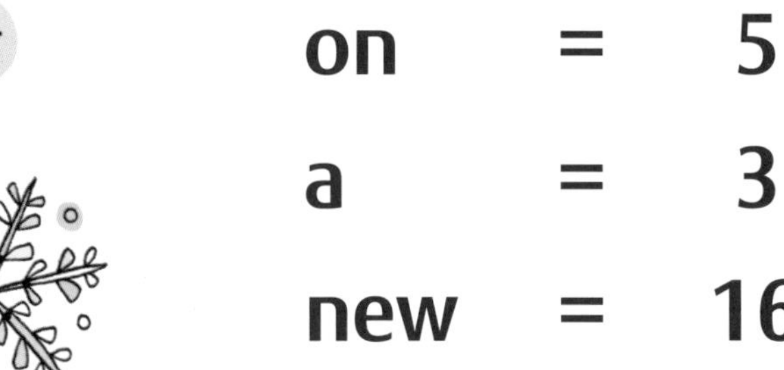

look = 17

on = 5

a = 3

new = 16

fall = 17

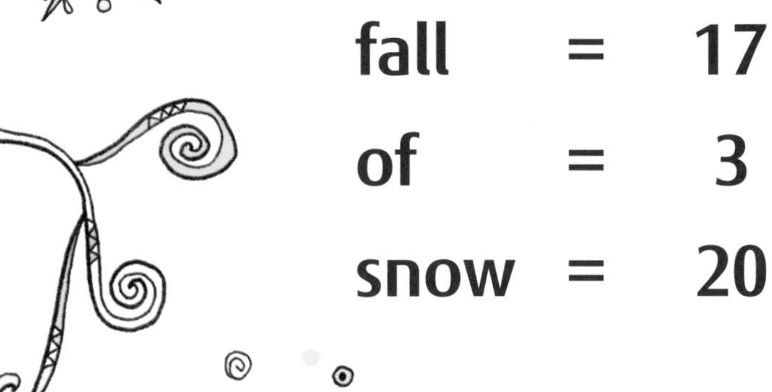

of = 3

snow = 20

snowflake = ?

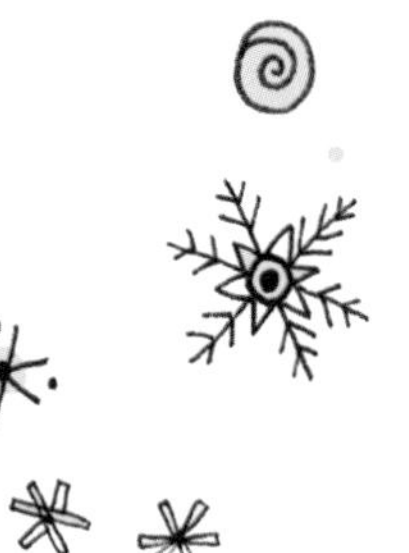

# 靶位游戏

这个游戏需要纸和笔，可以两个玩家或多个玩家一起进行。

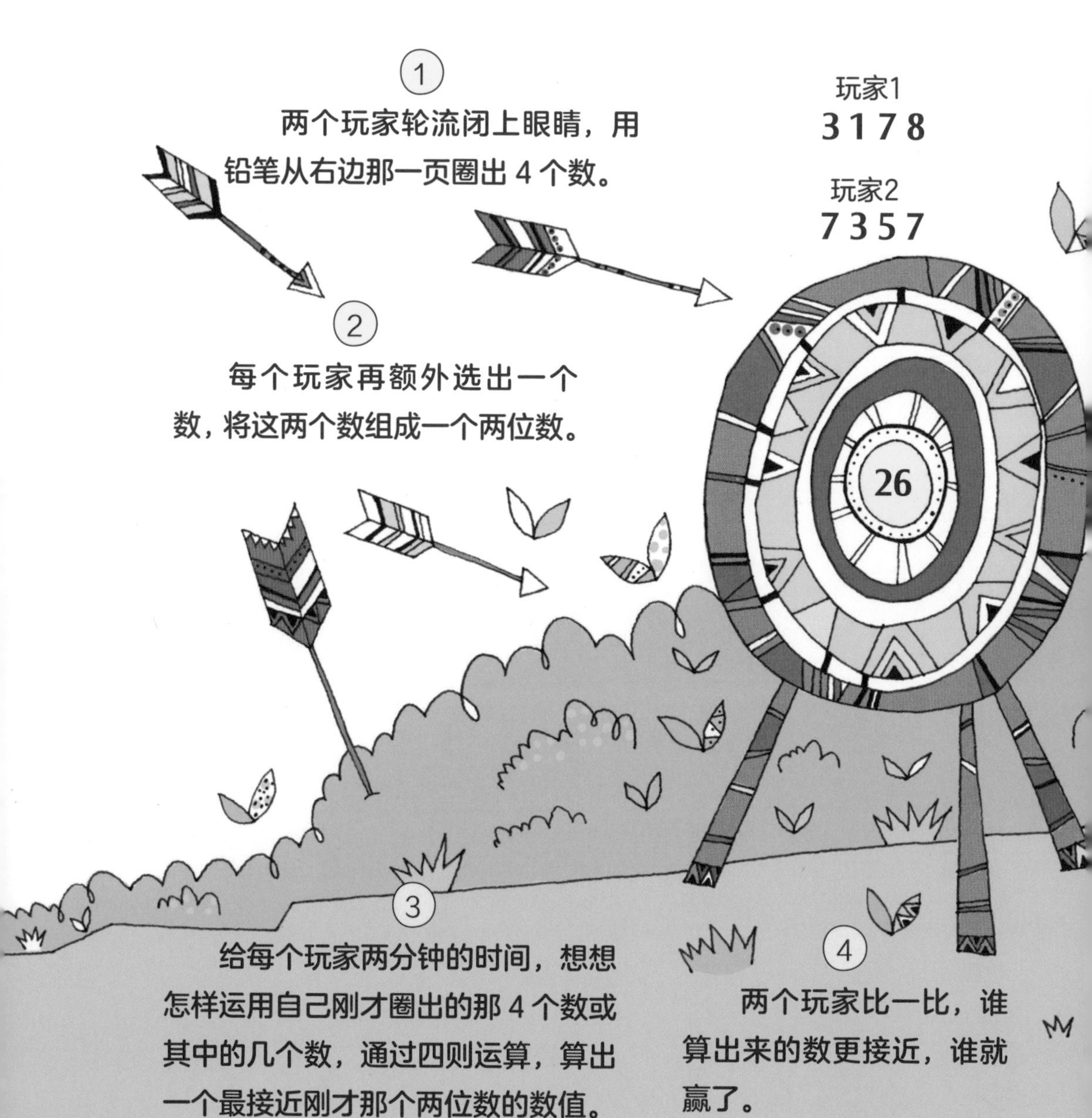


①

两个玩家轮流闭上眼睛，用铅笔从右边那一页圈出 4 个数。

②

每个玩家再额外选出一个数，将这两个数组成一个两位数。

③

给每个玩家两分钟的时间，想想怎样运用自己刚才圈出的那 4 个数或其中的几个数，通过四则运算，算出一个最接近刚才那个两位数的数值。

你可以使用的运算符号：＋ － × ÷

④

两个玩家比一比，谁算出来的数更接近，谁就赢了。

$3\times 8+1=25$

$3\times 7+5=26$

| 2 | 7 | 9 | 2 | 6 | 7 | 2 | 6 | 2 | 5 | 1 | 5 | 8 | 1 | 5 | 1 |
|---|---|---|---|---|---|---|---|---|---|---|---|---|---|---|---|
| 9 | 7 | 2 | 4 | 4 | 7 | 9 | 9 | 6 | 3 | 3 | 8 | 1 | 8 | 4 | 9 |
| 1 | 8 | 8 | 6 | 1 | 1 | 7 | 8 | 8 | 8 | 5 | 7 | 2 | 8 | 2 | 8 |
| 1 | 3 | 6 | 7 | 2 | 5 | 9 | 5 | 4 | 5 | 7 | 2 | 2 | 3 | 2 | 9 |
| 4 | 7 | 5 | 4 | 5 | 3 | 4 | 2 | 7 | 8 | 3 | 1 | 8 | 6 | 7 | 8 |
| 4 | 9 | 1 | 6 | 1 | 3 | 9 | 2 | 6 | 6 | 5 | 3 | 5 | 8 | 3 | 9 |
| 7 | 1 | 1 | 3 | 2 | 3 | 4 | 7 | 6 | 5 | 1 | 6 | 4 | 3 | 6 | 2 |
| 2 | 7 | 6 | 4 | 2 | 2 | 4 | 5 | 2 | 2 | 1 | 3 | 2 | 5 | 3 | 5 |
| 1 | 6 | 4 | 3 | 1 | 4 | 5 | 4 | 5 | 8 | 7 | 6 | 2 | 4 | 8 | 8 |
| 1 | 6 | 4 | 4 | 1 | 9 | 8 | 1 | 2 | 1 | 1 | 3 | 7 | 2 | 9 | 8 |
| 1 | 6 | 9 | 9 | 3 | 6 | 8 | 8 | 6 | 4 | 8 | 7 | 9 | 5 | 3 | 6 |
| 5 | 4 | 2 | 2 | 2 | 2 | 8 | 1 | 1 | 4 | 2 | 7 | 2 | 9 | 2 | 5 |
| 9 | 3 | 7 | 3 | 7 | 8 | 5 | 5 | 6 | 2 | 5 | 8 | 8 | 4 | 6 | 7 |
| 4 | 5 | 9 | 8 | 8 | 7 | 8 | 8 | 6 | 5 | 4 | 5 | 6 | 8 | 8 | 9 |
| 5 | 5 | 4 | 8 | 6 | 7 | 3 | 2 | 9 | 9 | 4 | 8 | 4 | 8 | 8 | 9 |
| 9 | 8 | 3 | 3 | 1 | 5 | 9 | 8 | 9 | 3 | 4 | 9 | 5 | 8 | 8 | 5 |
| 8 | 2 | 6 | 9 | 4 | 5 | 1 | 7 | 8 | 6 | 4 | 3 | 3 | 7 | 6 | 6 |
| 7 | 9 | 3 | 5 | 9 | 1 | 6 | 5 | 1 | 3 | 6 | 3 | 8 | 6 | 8 | 6 |
| 6 | 1 | 7 | 7 | 2 | 5 | 5 | 7 | 8 | 1 | 2 | 8 | 4 | 6 | 2 | 2 |
| 2 | 5 | 4 | 4 | 3 | 5 | 3 | 1 | 4 | 2 | 4 | 5 | 8 | 7 | 5 | 4 |

# 歌谣谜题

我在去圣艾夫斯的路上，
碰见一个人领着七个老婆婆，
每个老婆婆拎着七个袋子，
每个袋子里装着七只大猫，
每只大猫护着七只小猫。
大猫、小猫、老婆婆、袋子……
数量可真不少！

仔细阅读上面的歌谣。想一想，一共有多少东西正在去圣艾夫斯的路上？

# 怪兽吃虫子

这里有两只挑食的小怪兽，它们只吃标号能被自己的眼睛数量整除的虫子。算一算哪只怪兽吃的虫子更多，在它的旁边画个星号吧！

# 丢失的贝壳

下面有 4 种贝壳，它们各代表 1—9 中的一个数。每横排、每纵列的末尾都是这 4 个数之和。你能推算出每种贝壳所代表的数，并将丢失的那个贝壳画上吗?

| | | | | |
|---|---|---|---|---|
|  |  |  |  |  27 |
|  |  |  |  | 17 |
|  |  |  |  | 20 |
|  |  |  | |  20 |
| 21 | 24 | 16 | 23 | |

________ ________ ________ ________

# 海星加减法

海星有 5 条腕足，每条腕足上的两个数之和都等于中间那个数。你能把缺失的数补写出来吗？

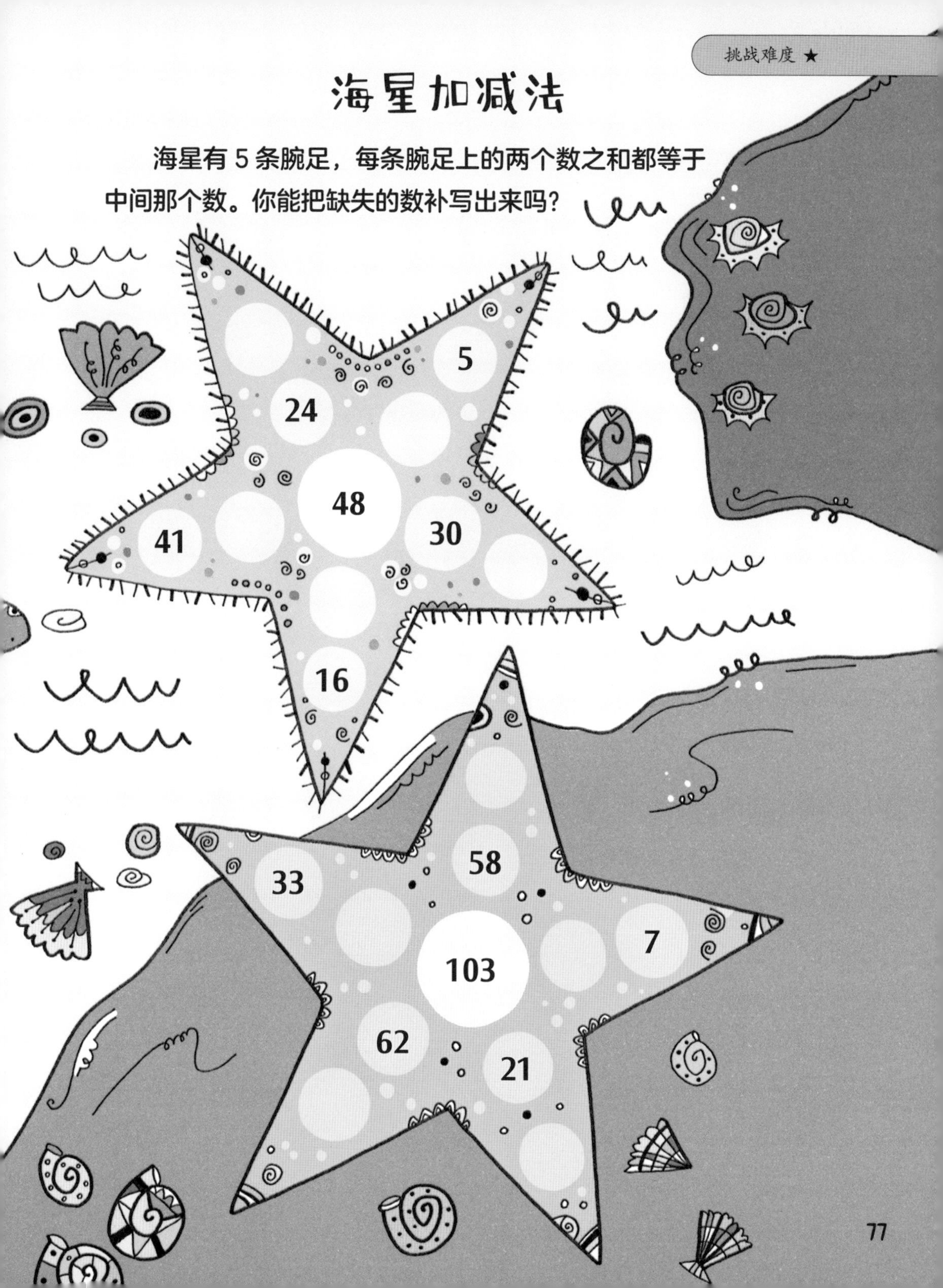

# 举起手来

这是一个有趣的猜谜游戏，可以三个人或更多的人一起玩。

1

大家站成一圈，手放在身后。每只手要么完全张开，要么握拳。

2

指定一个人开始猜：大家总共伸出了多少根手指。

20!

3

然后大家轮流猜。每个人猜的数不能和别人的相同。

15!

0!

4

猜完之后，第一个猜的人喊："一、二、三，举手！"大家同时把手举起来。揭晓答案。

5

如果有人猜对了，他要选出一个人，淘汰对方一只手，让对方只能用一只手参与游戏。

6

上一轮谁第一个猜的，这一轮让他左边的人先猜。

7

如果你的两只手都被淘汰，那么你就出局了。谁坚持到最后，谁就赢了。

**小提示：**你可以根据其他人报出的数，推测他们的手是张开还是握拳。

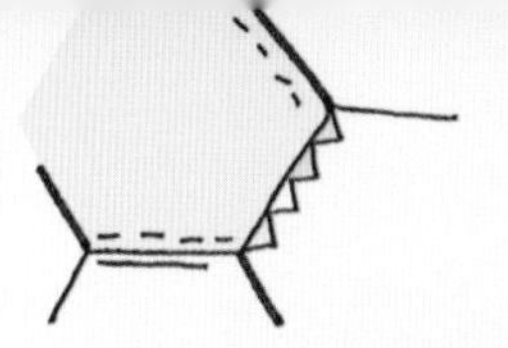

# 数字连线

你能把 1—37 中缺失的数填在下面的蜂巢里，按照从小到大的顺序将它们连成一条不打结的线吗？

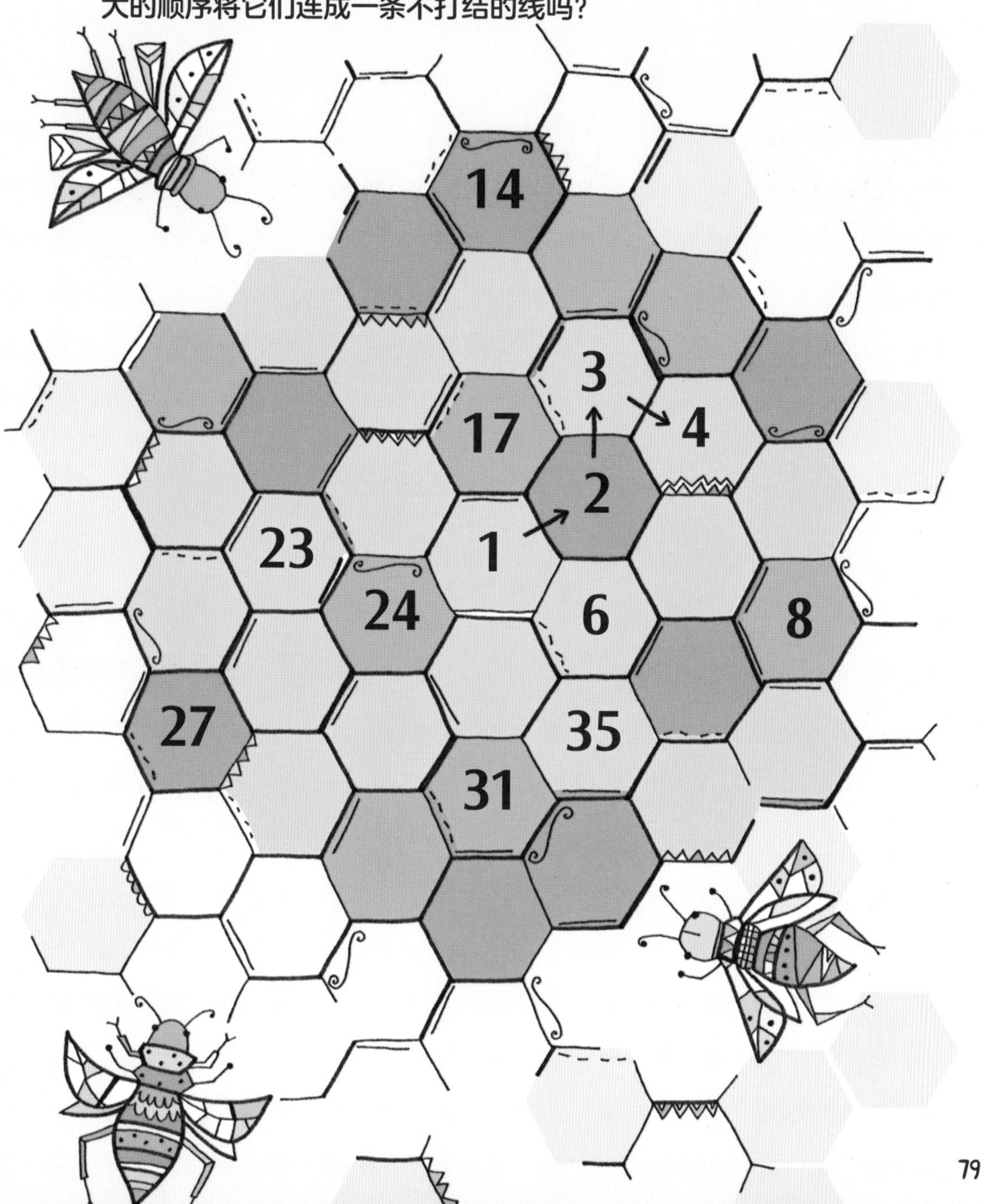

# 有多少只兔子

草地上有两对兔子，每对兔子有 8 只小兔子。8 个月后，小兔子长大了，又可以结成对。一个月后，每对新兔子又生下 8 只小兔子。这个时候，总共有多少只兔子呢？

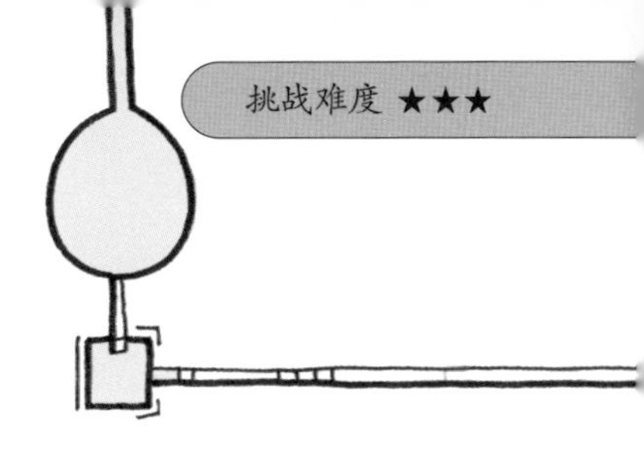

挑战难度 ★★★

# 纵横图

把没被勾掉的数填入下面的方格中，使每行、每列、每条对角线上4个数的和都是34。

~~1~~ 2 3 4 5 6 ~~7~~ ~~8~~ ~~9~~ 10 ~~11~~ 12 ~~13~~ 14 ~~15~~ ~~16~~

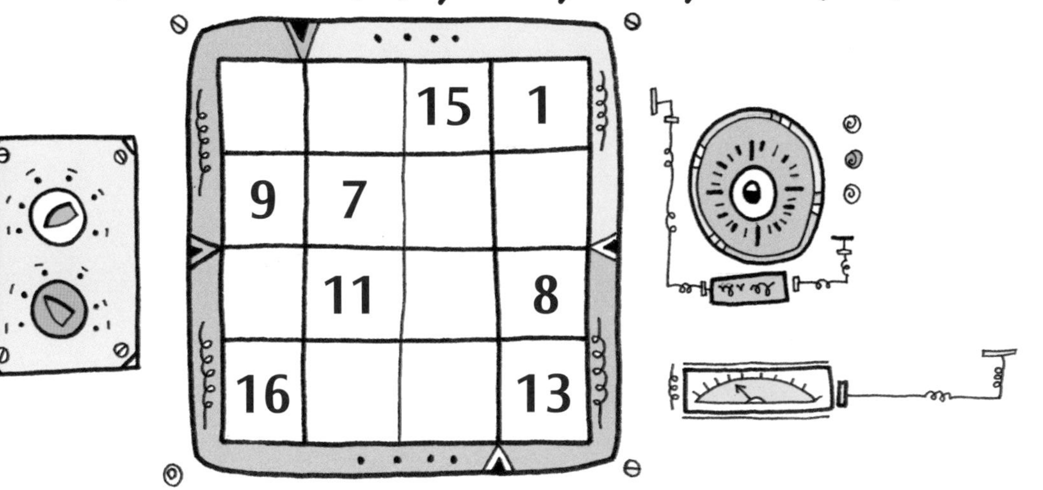


1 ~~2~~ ~~3~~ ~~4~~ 5 ~~6~~ 7 8 ~~9~~ ~~10~~ 11 12 13 ~~14~~ 15 16

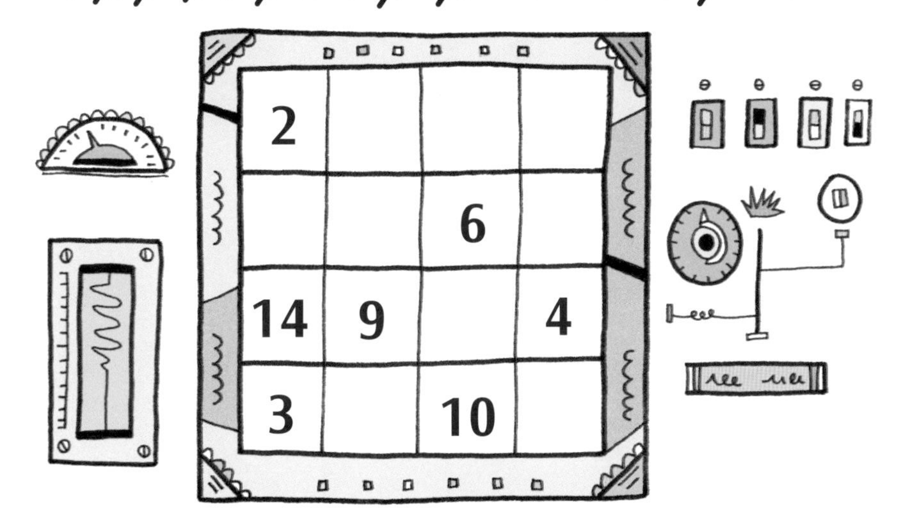

# 算术轨道

你能忘掉“先乘除后加减”的规律，按算式顺序完成下面这个长长的运算吗？

# 有环行星

探索下面行星环上数的规律，然后把缺失的数补在蓝色圆圈里。

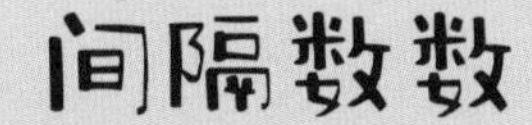

# 间隔数数

①

间隔数数的意思是，不能连着数，要两个两个或者三个三个地数。比如：2，4，6，8，10，…

②

游戏中，一人在2—9中选定一个数，其他人就按这个数来间隔数数。

比如三个三个地数：

③

大家坐成一圈，设定一个目标，比如50，看看能不能一起间隔数数，数到甚至超过这个目标。如果还没数到目标就出错了，那就从头开始。

④

如果觉得这样太简单了，可以改变一下第一个数。

比如从5开始，三个三个地数：

# 风筝天上飞

你能把 1—8 中缺失的数填到风筝上的方格里，使每行三个红色方格中的数之和，等于中间白色方格里的数吗？

# 大于、小于和等于

在下面的式子中添加 >、< 或 =，使式子成立。

示例：

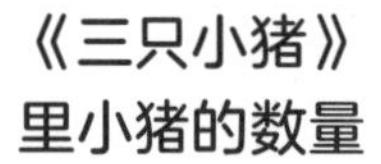

| | | |
|---|---|---|
| 《三只小猪》里小猪的数量 | = | 《三只盲鼠》里盲鼠的数量 |
| 钟面上最大的那个数 | | 双手手指的数量 |
| 英语中元音的数量 | | 一周的天数 |
| 指南针上标示的方向数 | | 一副扑克牌中花色的数量 |
| 一只蜘蛛腿的数量 | | 六边形的边数 |
| 一年中的月份数 | | 太阳系大行星的数量 |
| 一个年代的年数 | | 一支足球队的上场球员数 |

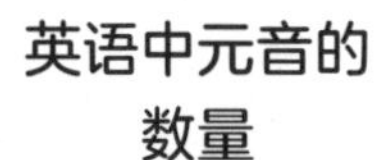
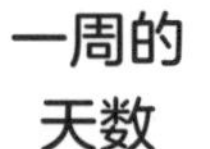

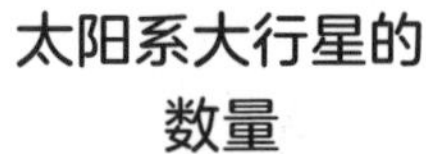

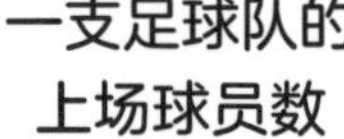
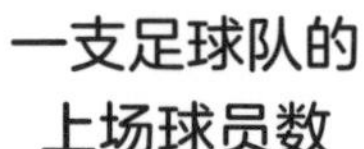

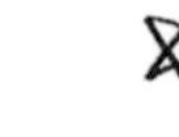

# 睡莲环

用水平或垂直的线把睡莲的叶子连起来形成一个大环。数字表示的是它四周有几条线。记住，线不能交叉，也不能留豁口哟。

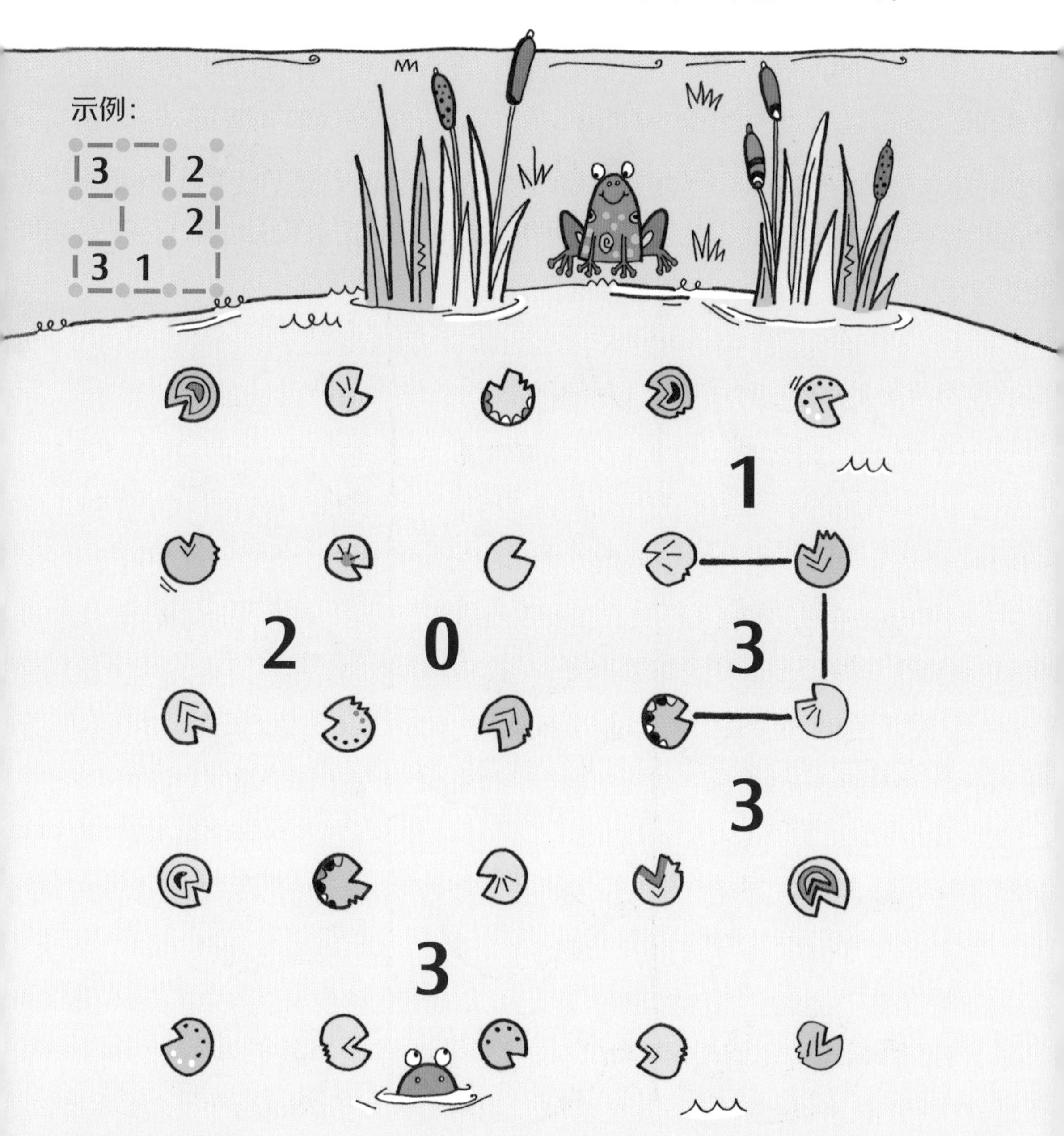

# 蜗牛吃饭比赛

看到每只蜗牛下面的树叶了吗？树叶上的数就是蜗牛吃掉每片树叶需要花费的时间。算一算，哪只蜗牛吃掉树叶花的时间最长。

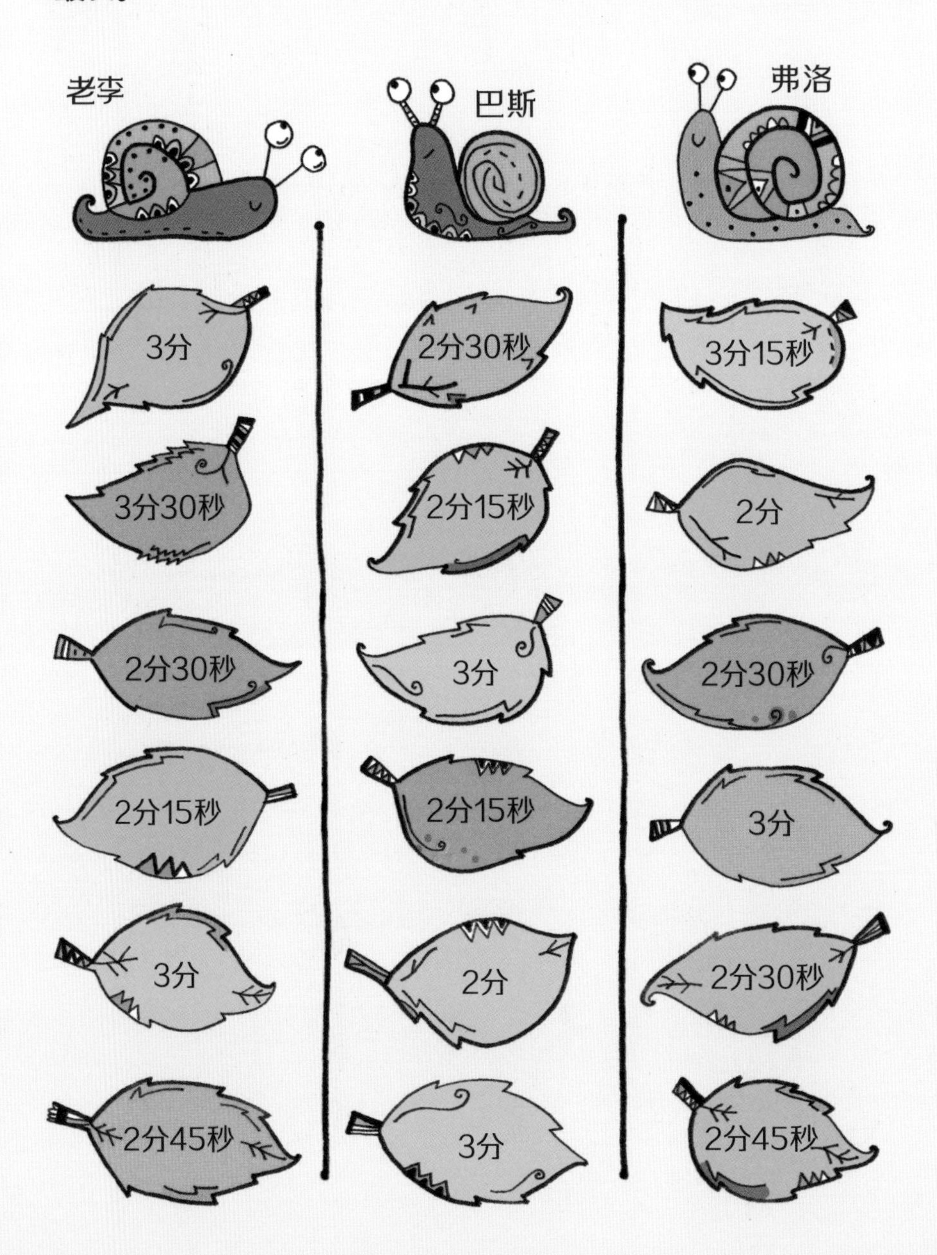

# 六格数独（二）

下面的大方格由6部分组成，每部分包含6个小方格。在空白的小方格里填上1—6之间的数，使得每行、每列、每部分都包含这6个数。

| | | | | | |
|---|---|---|---|---|---|
| 5 | | 6 | | | |
| | | | 5 | | 4 |
| | | | 3 | | |
| 1 | 3 | | | 6 | |
| | | | | | 1 |
| | | | 1 | | 5 |

# 脑力大挑战

请大声喊出每个小屋上有多少个数。小心，不要被小屋上的数误导了哟！

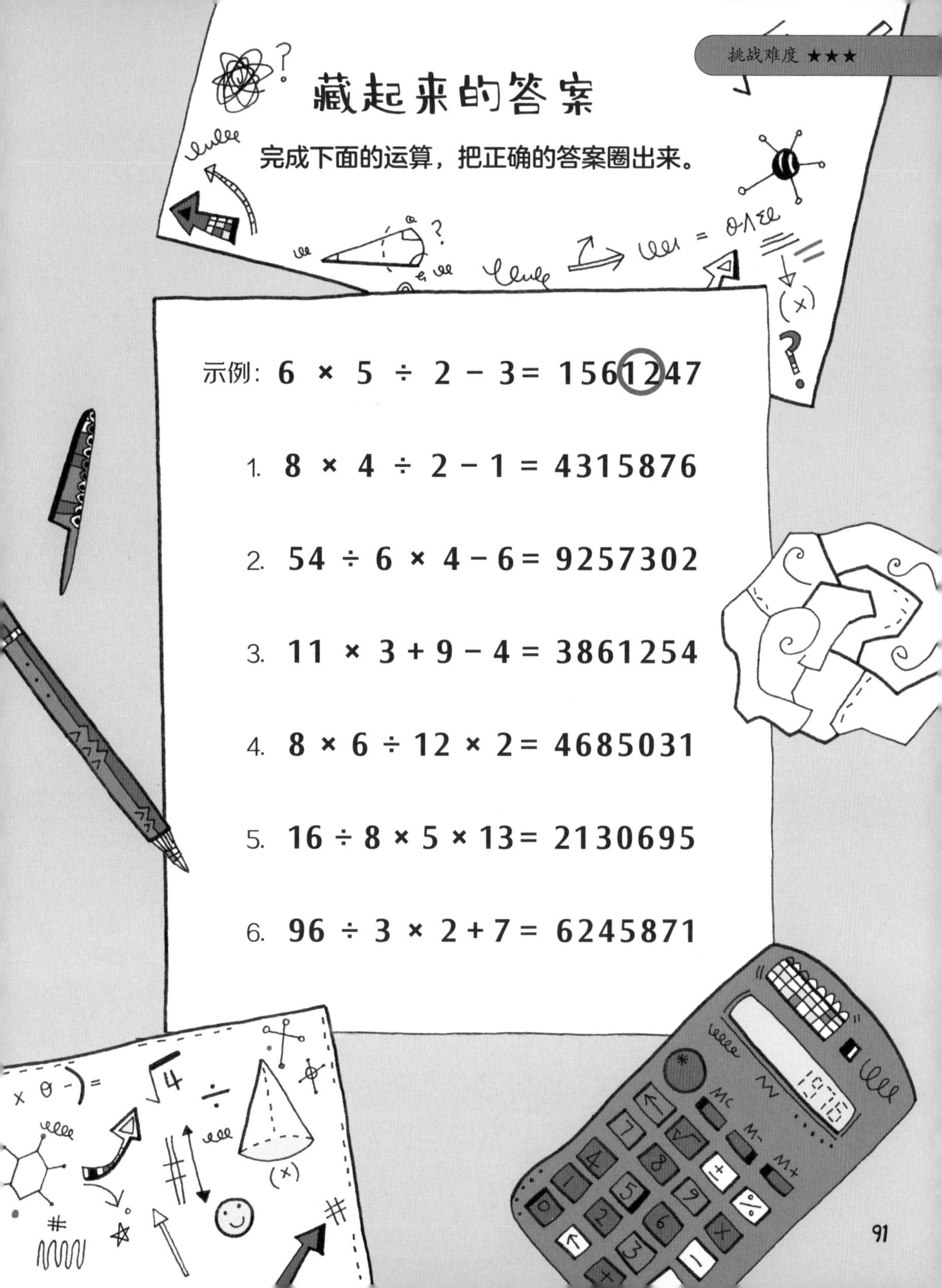



# 藏起来的答案

完成下面的运算，把正确的答案圈出来。

示例：6 × 5 ÷ 2 − 3 = 1561247

1. 8 × 4 ÷ 2 − 1 = 4315876

2. 54 ÷ 6 × 4 − 6 = 9257302

3. 11 × 3 + 9 − 4 = 3861254

4. 8 × 6 ÷ 12 × 2 = 4685031

5. 16 ÷ 8 × 5 × 13 = 2130695

6. 96 ÷ 3 × 2 + 7 = 6245871

# 最佳路线

莉莉在停歌北路，她想去西环路找朋友玩。公交车在每个标红点的站前停 2 分钟，在停歌屯停 10 分钟。每段路的行驶时间已经标在路线图上了。莉莉坐哪趟车能最早到达？她到朋友家的时候是几点？

图例：9: 00发车

9: 30发车

停歌北路
3分钟
12分钟
绿泉路
4分钟
雀林
5分钟
3分钟
兔园
4分钟
停歌屯
2分钟
西环路
2分钟
3分钟
起司伯恩
7分钟
李子园
停歌河
6分钟
5分钟
8分钟
10分钟
停歌桥
圣米尔德
冈布尔
5分钟
6分钟
3分钟
停歌南路
8分钟

挑战难度 ★★★★

# 林间数学题

下面这四样树林里的小物件分别代表 1—9 中的一个数。每行、每列的数之和已经标在了末尾。你能推算出每个小物件所代表的数，并将缺失的那个小物件补上吗？

| | | | | |
|---|---|---|---|---|
|  |  |  |  |  14 |
|  |  |  |  | 20 |
| 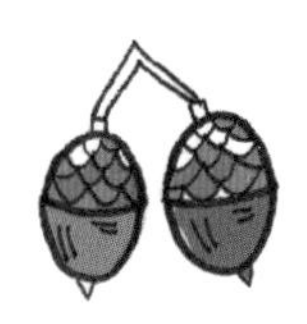 |  |  |  | 24 |
|  |  |  | | 20 |
|  18 |  20 |  20 | 20 | |

______ ______ ______ ______

# 动物上天平

前三个天平都是平衡的，最后一个却不平衡。你能在最后一个天平的左边添上一种动物，使得两边平衡吗？

# 神奇六角星

请将 1—12 之间其他的数填在下图中的交点处，使每条线上的 4 个数之和都等于 26。

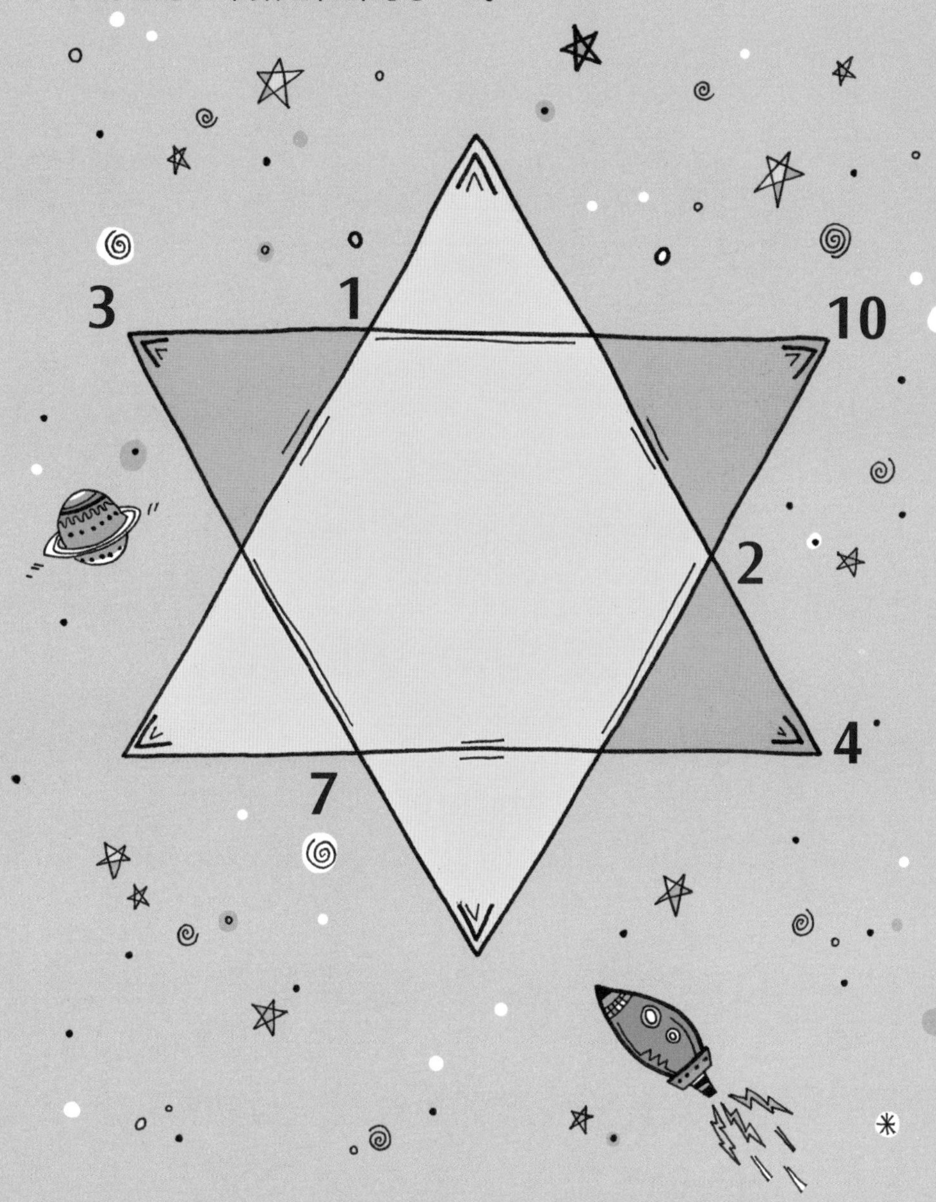


~~1~~ ~~2~~ ~~3~~ ~~4~~ 5 6 ~~7~~ 8 9 ~~10~~ 11 12

# 热气球看花眼

观察左上角的热气球，看看周围的三个数如何通过四则运算得出中间的数。然后运用这个规则，算出其他三个热气球上缺失的数。

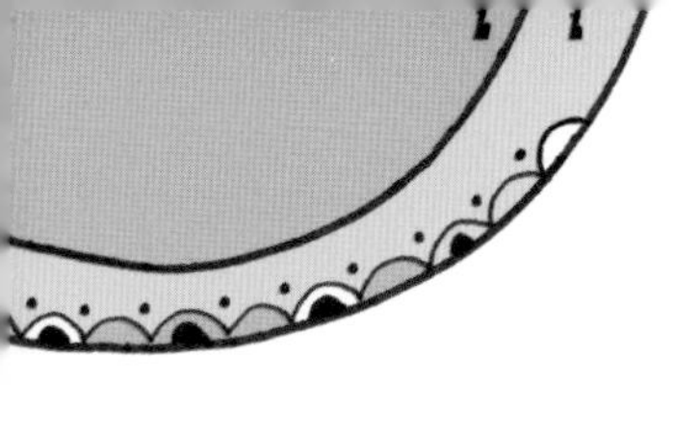



# 框内减法

这个游戏需要两个玩家。

1

首先，在纸上画一个方框。一个玩家选择1—30中的一个数，将其填入方框中。另一个玩家再填入一个不同的数。

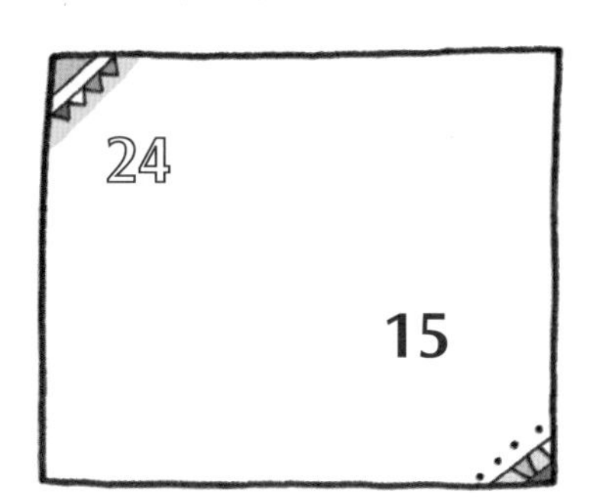


2

第一个玩家用方框中较大的数减去较小的数，将答案写在方框中。

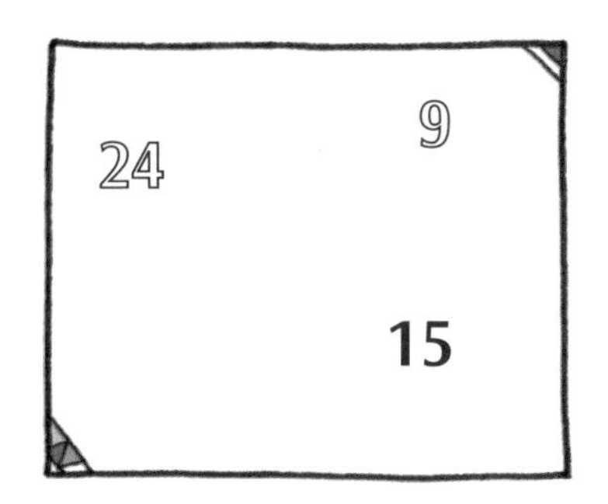


3

另一个玩家再次从方框中选一个较大的数、一个较小的数，相减之后将得数写入方框。

4

如果轮到某个玩家时，怎么减都无法得出方框里没有的数，那他就输了。

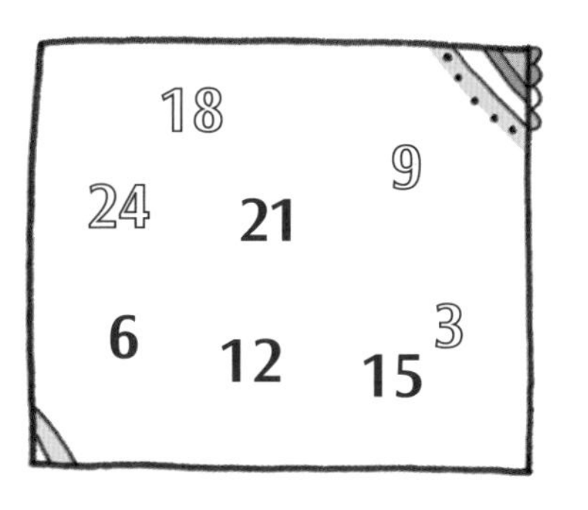

# 飞镖困局

你在玩投飞镖游戏，你投出三支飞镖，每支都落在了不同的位置。

1. 你最高能得多少分?
2. 如果飞镖都落在了橙色区域，你最高能得多少分?
3. 如果飞镖都落在了绿色区域，你最高能得多少分?

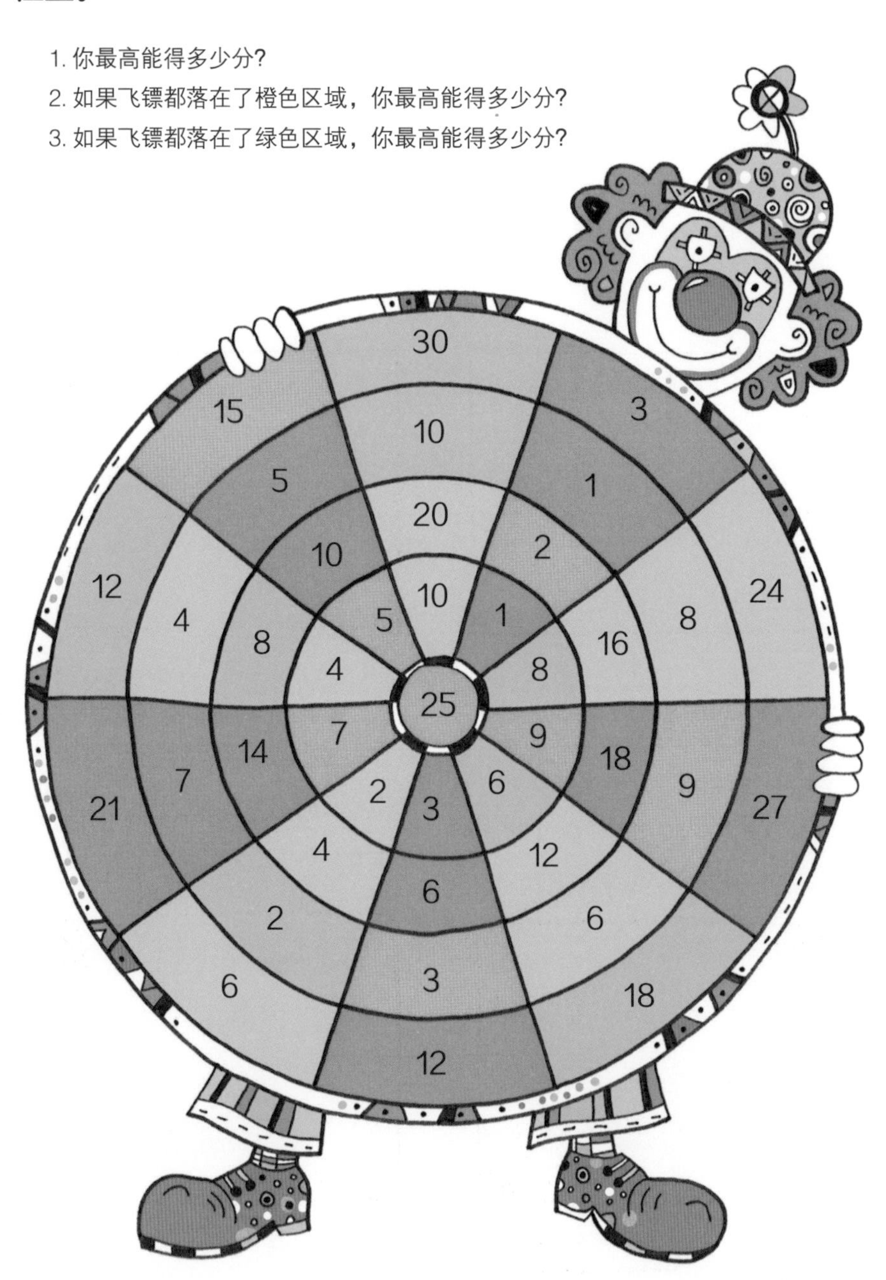

# 连续算术题

水果们为你出了一道算术题，请忘掉“先乘除后加减”的规律，按顺序迎接挑战吧！

# 填数游戏（二）

你能把下面的数填入纵横相交的方格中吗？

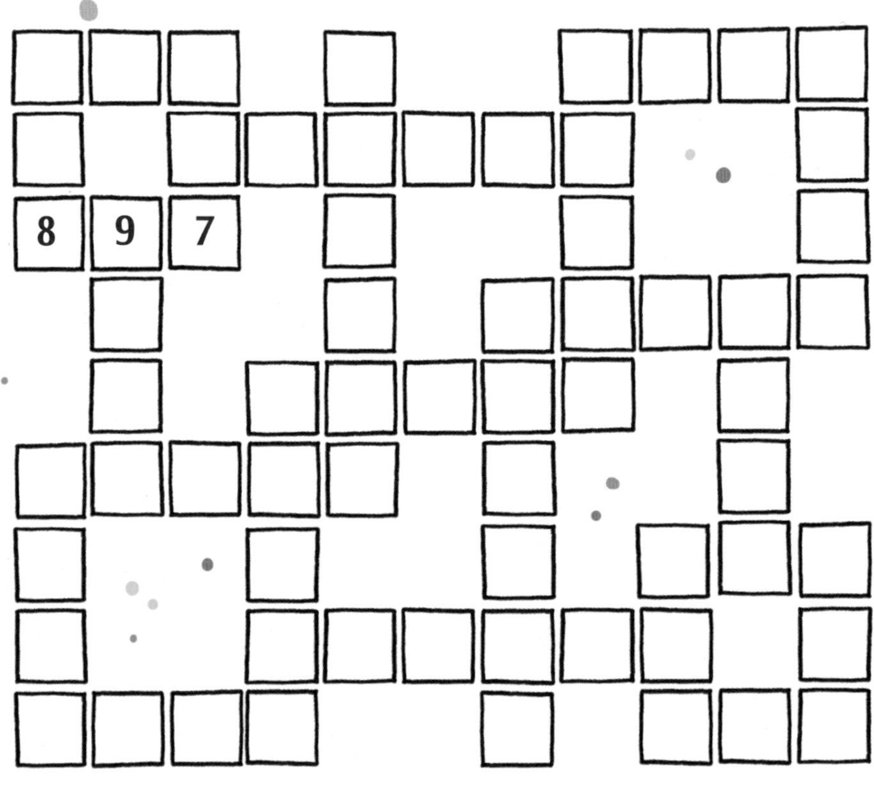


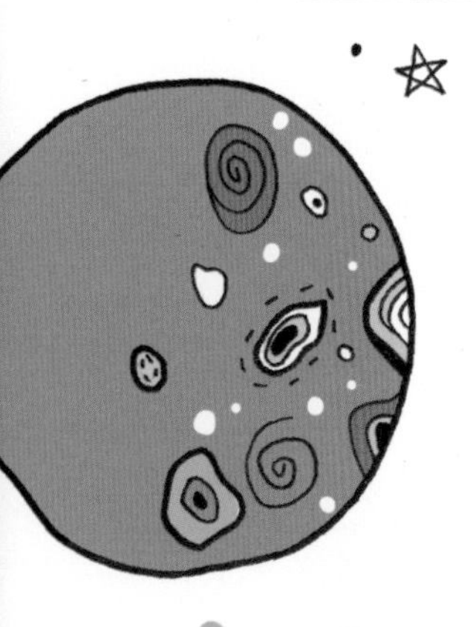

219
336
358
637
718
732
859
~~897~~

4201
4803
9394
9408
9629
9683

15443
62328
64427
93720
98457

123445
172240
278473
347418

# 卫星跳跃者

为了登上科多星球，宇宙飞船要在众多卫星上跳来跳去，以获得 100 单位的能量。宇宙飞船只能在写有奇数的白色卫星，写有偶数的粉色卫星和任意的蓝色卫星上停留。你能帮它设计一条路线吗？

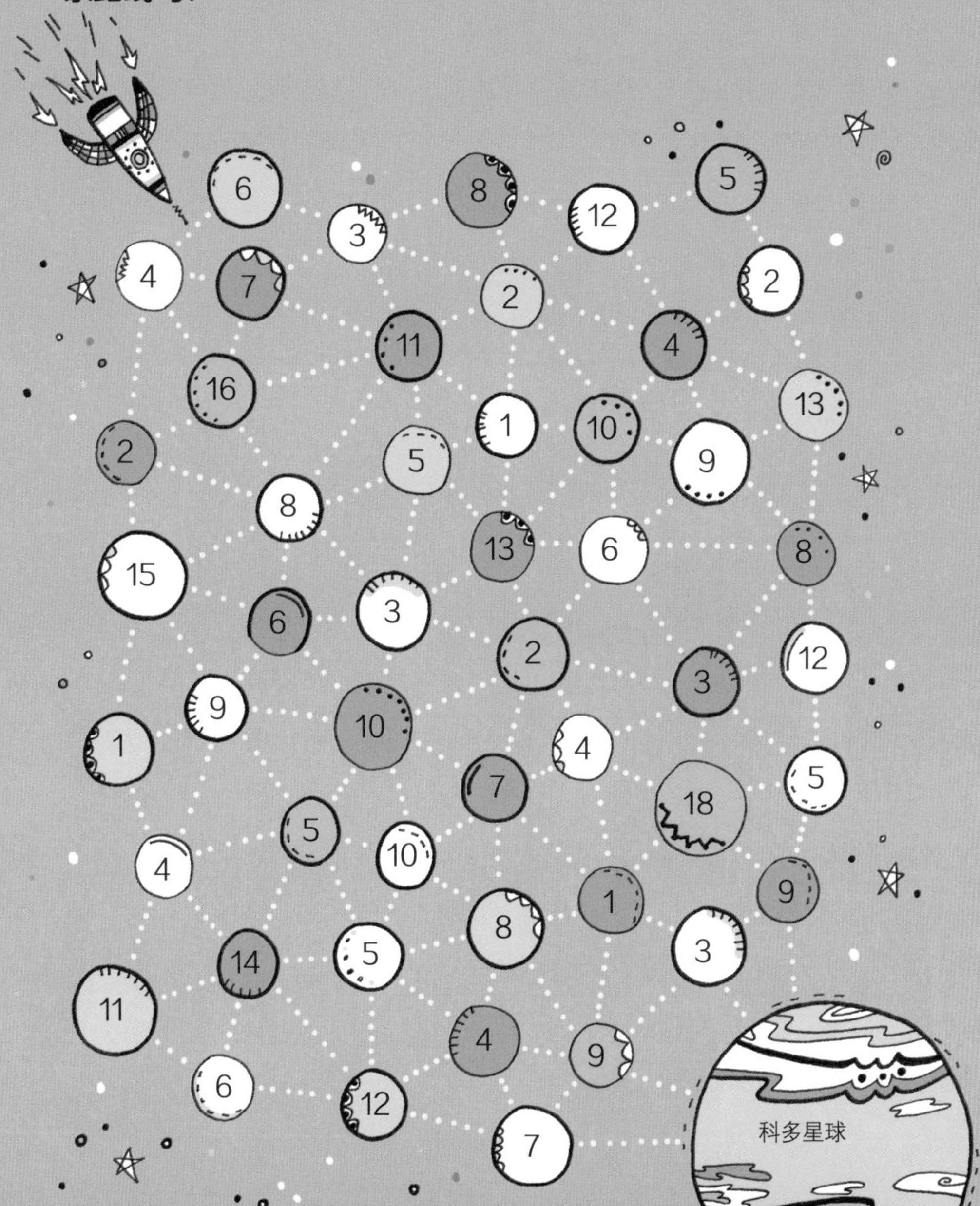

# 南瓜格子

想办法把下面的南瓜地隔成 6 块，使每块地里格子的数量和南瓜的数量一致。

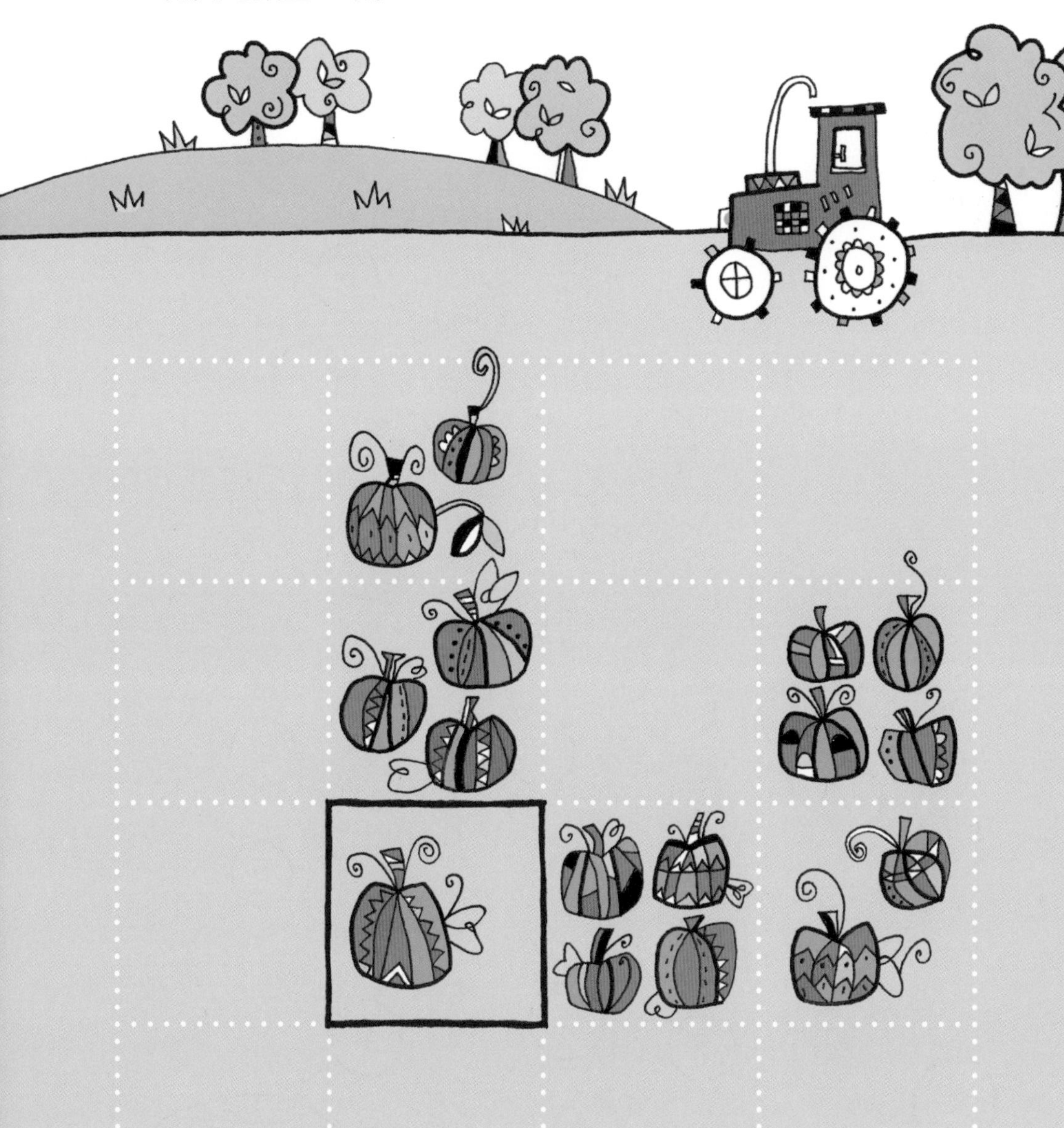

# 一百只鹿

已知 4 个人总共看管 100 只鹿。请根据下面的线索，推算出每个人分别看管多少只鹿。

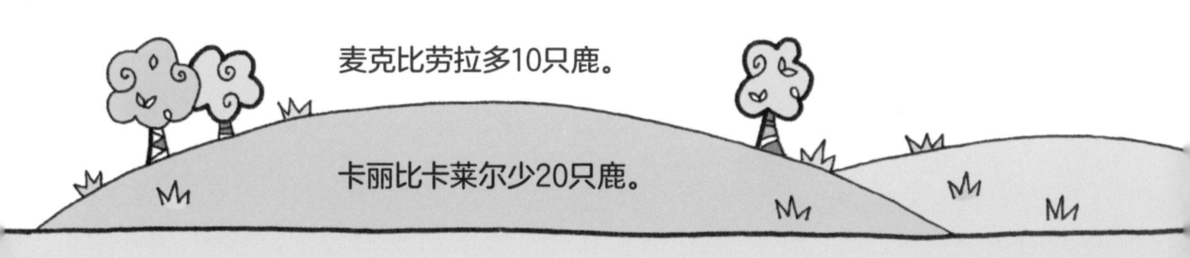

| 麦克 | 劳拉 | 卡丽 | 卡莱尔 |
| --- | --- | --- | --- |
| ______ | 15 ______ | ______ | ______ |

# 平分春色

你能沿着虚线画一条直线，把花园分成两部分，使每部分花的数量一样吗？

# 画中玄机

**给带有偶数的区域涂上阴影，看看会显现出什么来吧。**

# 大于、小于还是等于

**添加>、<或=，使下面的式子成立。**

示例：金发姑娘遇到的熊的数量 > 灰姑娘姐姐的数量

一只蝴蝶的翅膀数量　　　一支篮球队的上场球员数

立方体的面数　　　蜜蜂腿的数量

二重奏的人数　　　地球的自然卫星的数量

三个星期的天数　　　一枚骰子所有的点数之和

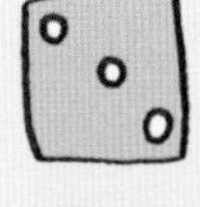

矩形的边数　　　一只脚的脚趾数

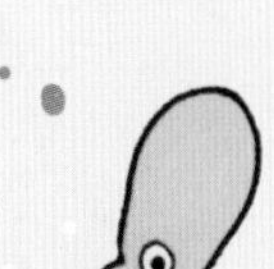

一只章鱼腕足的数量　　　常见的吉他的弦数

# 雪山谜题

在雪山顶部填上数，使每个雪山顶的数是下面相邻的两个雪山顶的数之和。

# 参考答案（部分问题的答案不唯一，仅供参考）

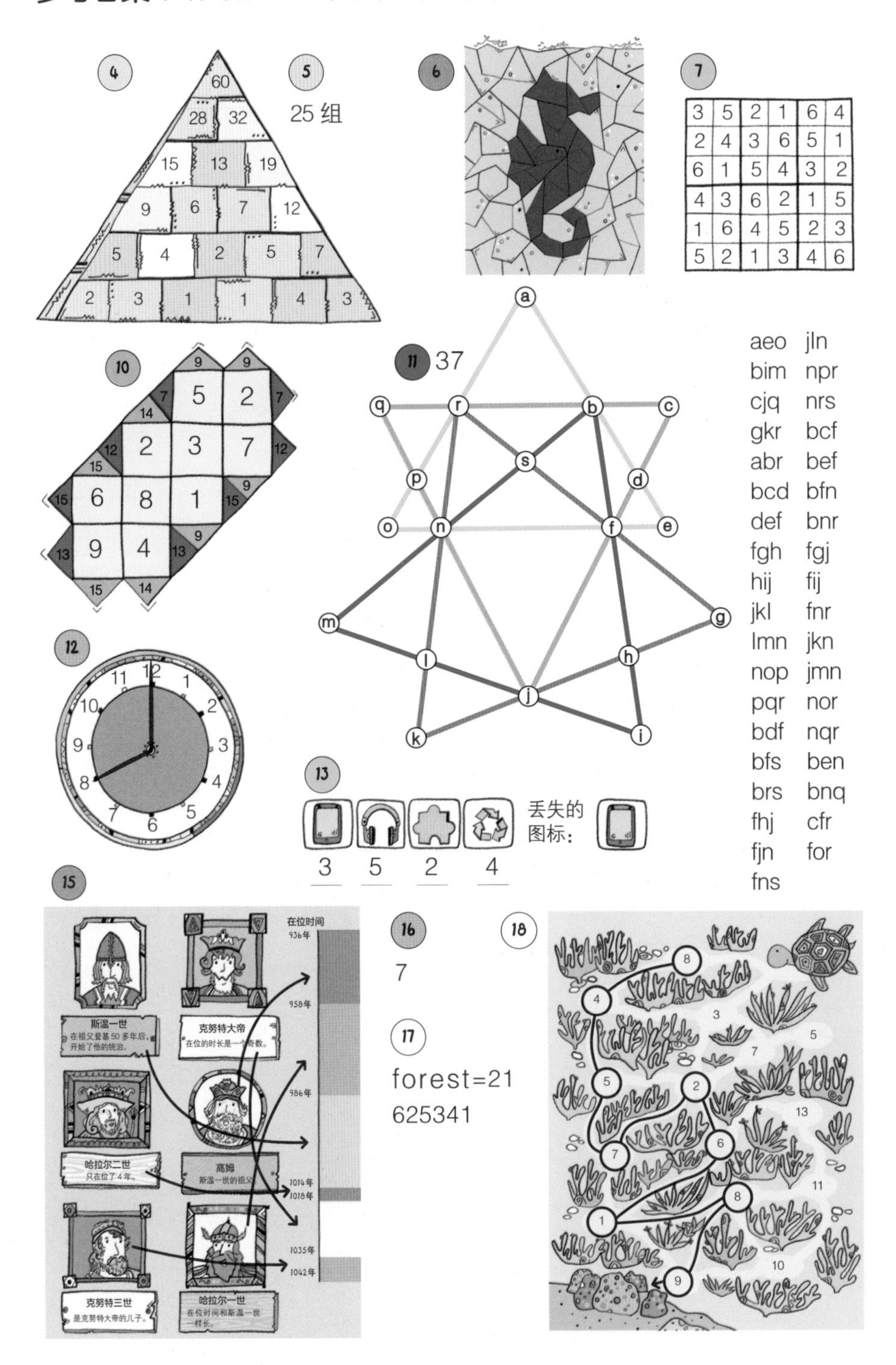

19

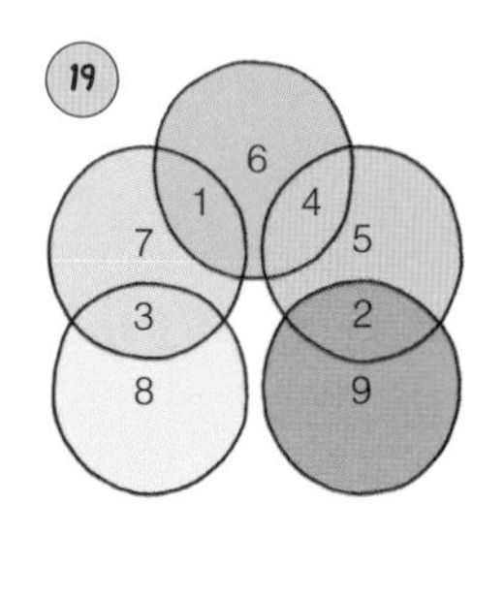


20

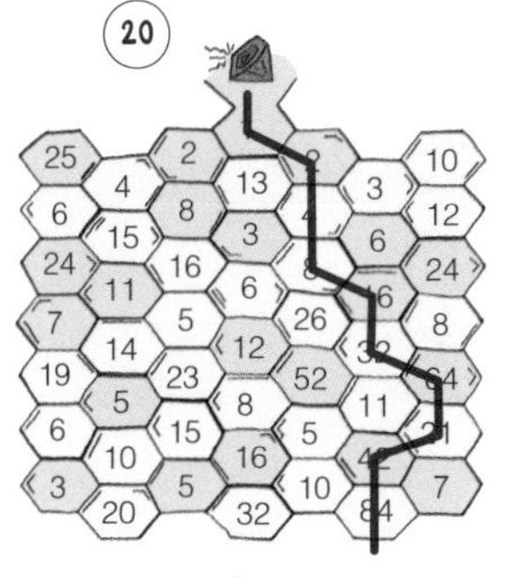

21

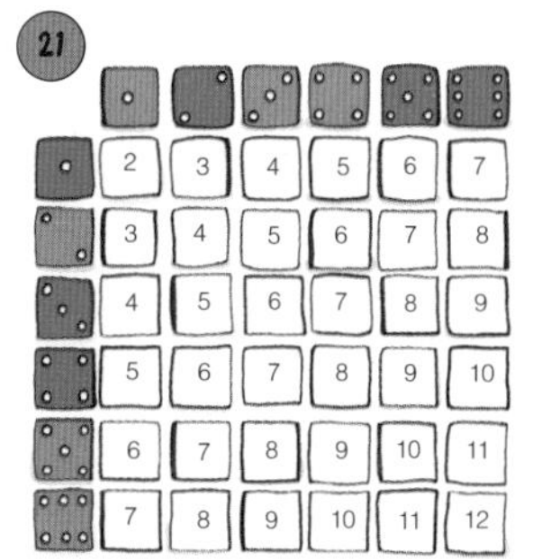

1. 7
2. 2 和12
3. B

22

23

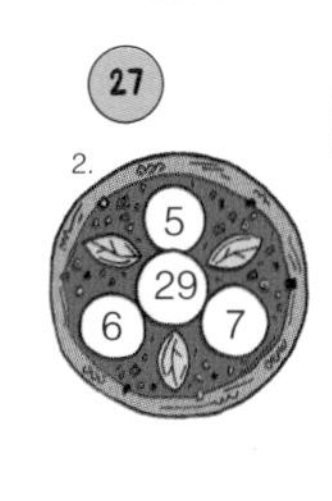

24

够吃，不会。

25

| | 行军蚁 | 阿兹特克蚁 | 子弹蚁 | 切叶蚁 | 总计 |
|---|---|---|---|---|---|
| 工蚁 | 8,000 | 1,587 | 185 | 230 | 10,002 |
| 兵蚁 | 2,000 | 405 | 43 | 60 | 2,508 |
| 雄蚁 | 19 | 12 | 15 | 9 | 55 |
| 蚁后 | 1 | 1 | 2 | 1 | 5 |
| 总计 | 10,020 | 2,005 | 245 | 300 | 12,570 |

27

1.

2.

3.

28

1. 1　2 × 3 + 4 − 5 = 35
2. 1　2 + 3　4 − 5 = 41
3. 1　2 × 3 ÷ 4 + 5 = 14
4. 1 + 2 + 3 + 4 − 5 = 5
5. 1　2 − 3 + 4　5 = 54
6. 1　2　3 + 4　5 = 168

29

30

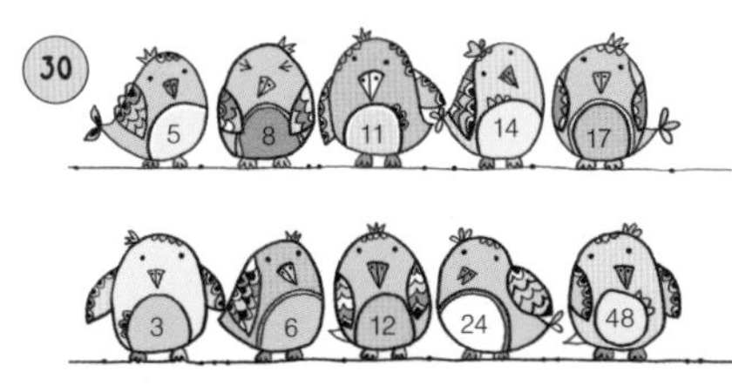

31

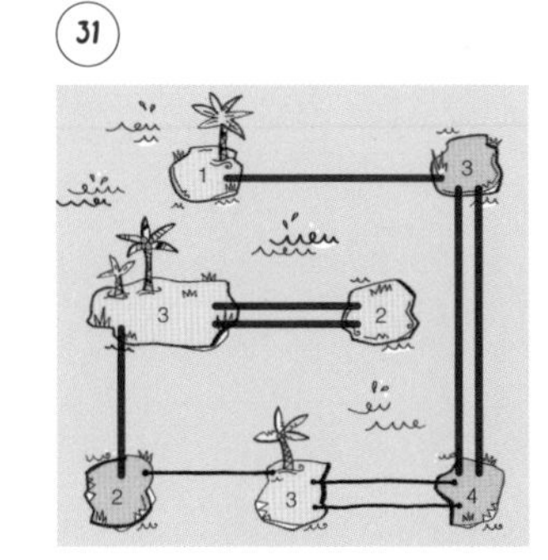


34

| 6 | 5 | 1 |
|---|---|---|
| 4 | 12 | 8 |
| 2 | 7 | 3 |

35

36

| 3 | 8 | 6 | 7 | 2 | 1 |
|---|---|---|---|---|---|
| 2 | | | 0 | | 0 |
| 1 | 2 | 3 | 4 | | |
| | | 2 | 0 | 0 | 3 |
| 2 | | 2 | | | 6 |
| 1 | 3 | 3 | 9 | 5 | 6 |

37

| 110 | 115 | 85 | 80 | 95 |
|---|---|---|---|---|

40

41

| 4 | 1 | 5 | 6 | 2 | 3 |
|---|---|---|---|---|---|
| 3 | 6 | 2 | 1 | 5 | 4 |
| 2 | 5 | 3 | 4 | 6 | 1 |
| 1 | 4 | 6 | 5 | 3 | 2 |
| 6 | 3 | 4 | 2 | 1 | 5 |
| 5 | 2 | 1 | 3 | 4 | 6 |

42

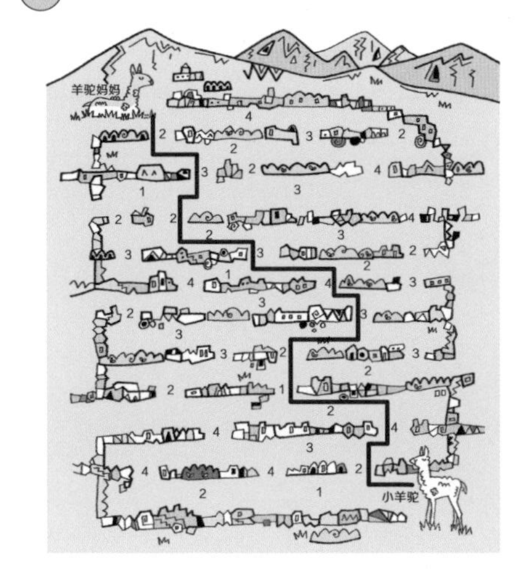

紫色脖子的蜂鸟 10只
紫色脸颊的蜂鸟 9只
紫色脖子的蜂鸟多。

45

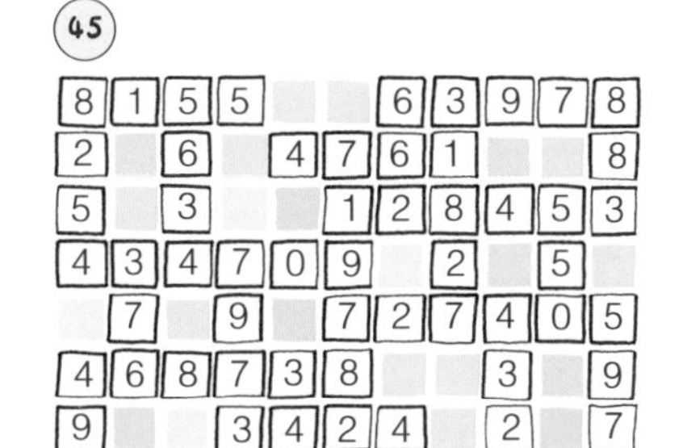

黄色鹦鹉

1. 7 × 5 − 24 + 6 = 1745928
2. 18 ÷ 3 × 5 − 2 = 4502813
3. 9 × 8 ÷ 6 × 5 = 8745609
4. 12 × 4 ÷ 3 + 30 = 9230468
5. 49 ÷ 7 × 3 − 12 = 2431597
6. 100 ÷ 5 × 3 − 6 = 0185463

49

53

feathers=34
36157642

51

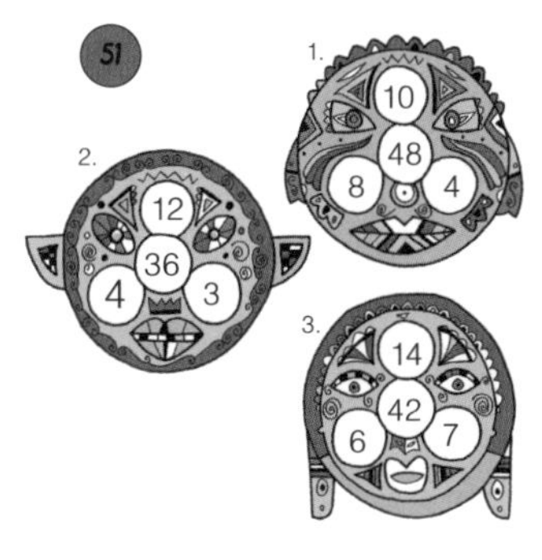


52

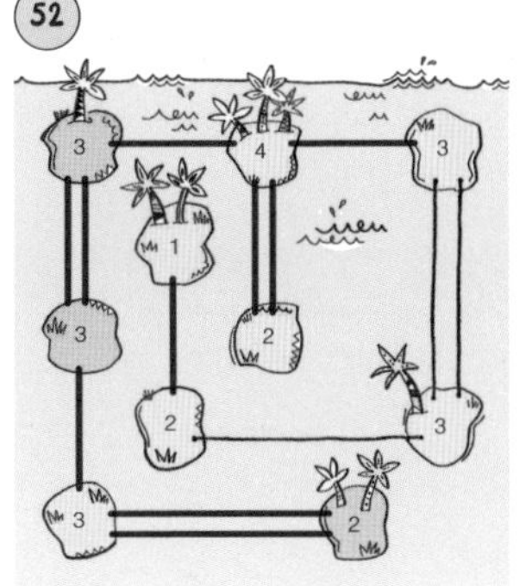


54

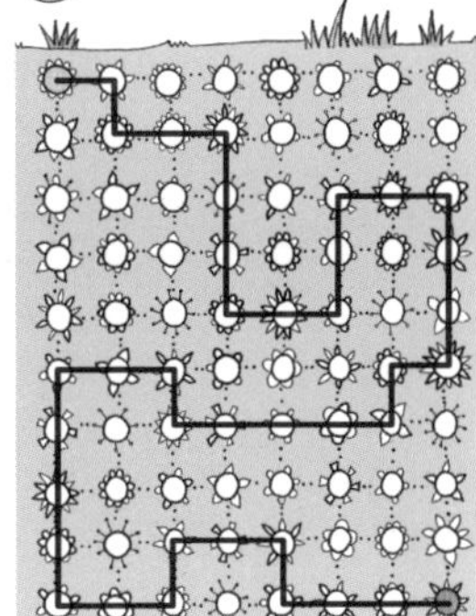

55

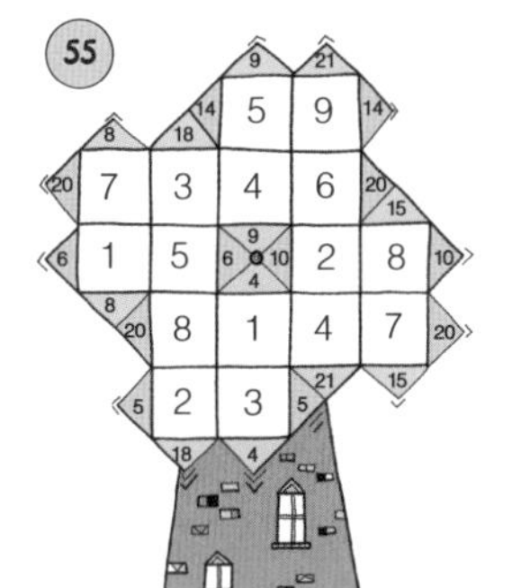


56

57

| 4 | 7 | 3 |
|---|---|---|
| 2 | 14 | 6 |
| 8 | 1 | 5 |

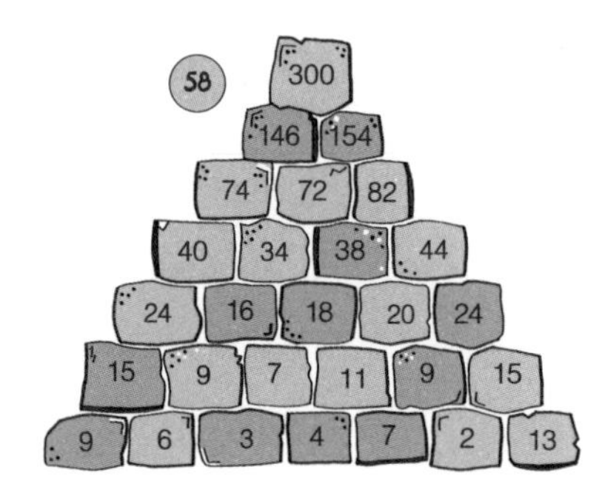

应该选玫瑰路 38 号。
玫瑰路 38 号面积
117−6−5−9−4=93 平方米
丰收街 47 号院面积
120−6−8−4−6−4=92 平方米

6 块木头

1. 5 4 − 3 2 + 1 = 23
2. 5 4 ÷ 3 + 2 + 1 = 21
3. 5 × 4 + 3 2 − 1 = 51
4. 5 − 4 + 3 2 × 1 = 33
5. 5 + 4 3 + 2 × 1 = 50
6. 5 4 × 3 − 2 + 1 = 161

65

什锦硬糖
夹心软糖
泡泡糖
飞碟糖
小熊软糖
棒棒糖
水果硬糖
魔法糖

| V | III | IV | II | VI | I |
|---|---|---|---|---|---|
| IV | I | VI | III | II | V |
| II | VI | V | I | IV | III |
| VI | IV | I | V | III | II |
| III | V | II | IV | I | VI |
| I | II | III | VI | V | IV |

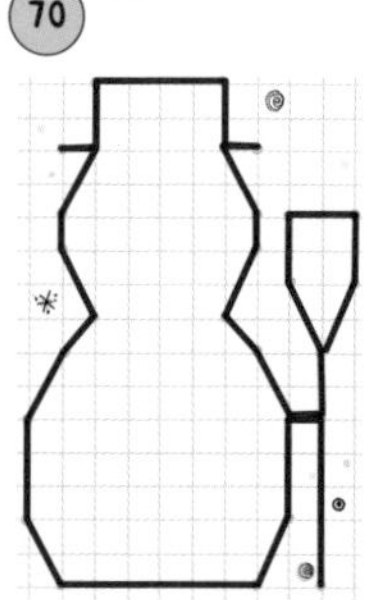

71 snowflake=45
841726395

1 个人、7 个老婆婆、49 个袋子、343 只大猫、2401 只小猫，还有我，共计 2802 个。

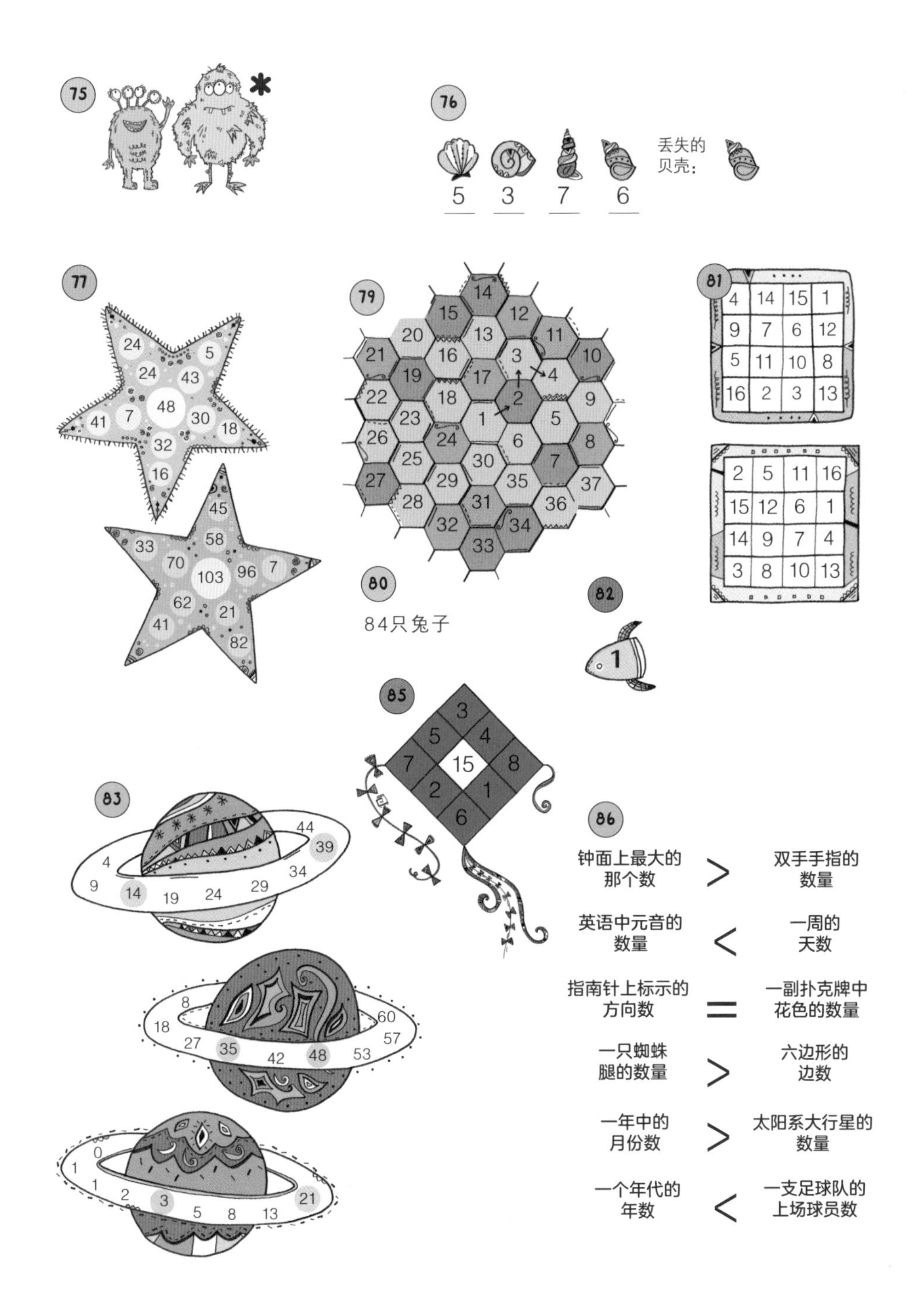
75
*
76
5
3
7
6
丢失的
贝壳：
77
24
5
24
43
48
41
7
30
18
32
16
45
33
58
70
103
96
7
62
21
41
82
79
14
15
12
20
13
11
21
16
3
10
19
17
4
22
18
2
9
23
1
5
26
24
6
8
25
30
7
27
29
35
37
28
31
36
32
34
33
80
84只兔子
81
4 14 15 1
9 7 6 12
5 11 10 8
16 2 3 13
2 5 11 16
15 12 6 1
14 9 7 4
3 8 10 13
82
1
85
3
5
4
7
15
8
2
1
6
83
44
39
4
34
9
14
19
24
29
8
60
18
57
27
35
42
48
53
0
1
1
2
3
5
8
13
21
86
钟面上最大的那个数 > 双手手指的数量
英语中元音的数量 < 一周的天数
指南针上标示的方向数 = 一副扑克牌中花色的数量
一只蜘蛛腿的数量 > 六边形的边数
一年中的月份数 > 太阳系大行星的数量
一个年代的年数 < 一支足球队的上场球员数

87

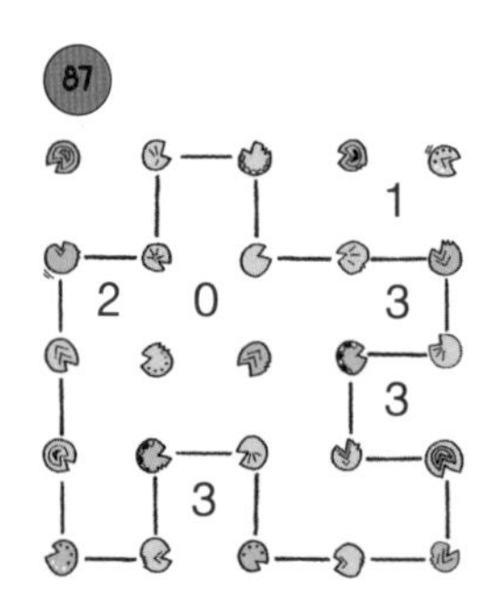


88

老李 17 分钟
巴斯 15 分钟
弗洛 16 分钟

老李吃掉树叶花的时间最长。

| 5 | 4 | 6 | 2 | 1 | 3 |
|---|---|---|---|---|---|
| 3 | 6 | 1 | 5 | 2 | 4 |
| 2 | 1 | 4 | 3 | 5 | 6 |
| 1 | 3 | 5 | 4 | 6 | 2 |
| 4 | 5 | 2 | 6 | 3 | 1 |
| 6 | 2 | 3 | 1 | 4 | 5 |

1. 8 × 4 ÷ 2 − 1 = 4 3 1 5 8 7 6
2. 54 ÷ 6 × 4 − 6 = 9 2 5 7 3 0 2
3. 11 × 3 + 9 − 4 = 3 8 6 1 2 5 4
4. 8 × 6 ÷ 12 × 2 = 4 6 8 5 0 3 1
5. 16 ÷ 8 × 5 × 13 = 2 1 3 0 6 9 5
6. 96 ÷ 3 × 2 + 7 = 6 2 4 5 8 7 1

坐 9: 30 发车的公交车
9: 00 发车 ▬ =1 小时 12 分钟，10: 12 到达
9: 30 发车 ▬ =33 分钟，10: 03 到达

93

2 8 6 4

缺失的小物件： 

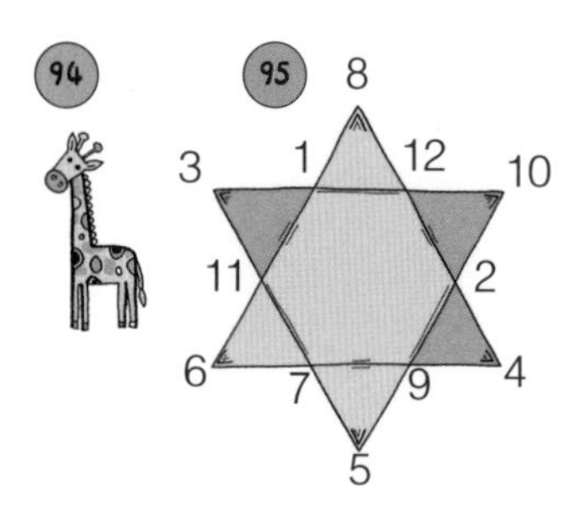


96

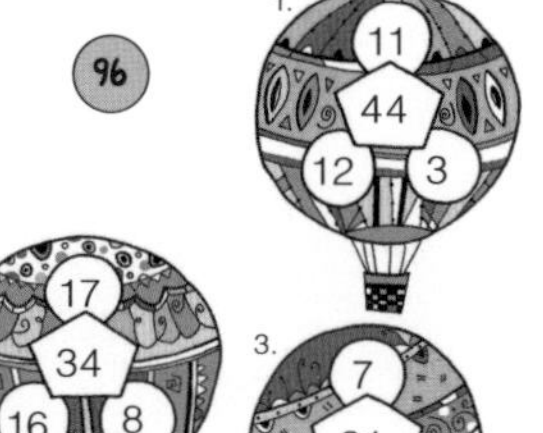


3.
7
21
18
6

1. 82 (30, 27, 25)
2. 73 (27, 25, 21)
3. 74 (30, 24, 20)

60

100

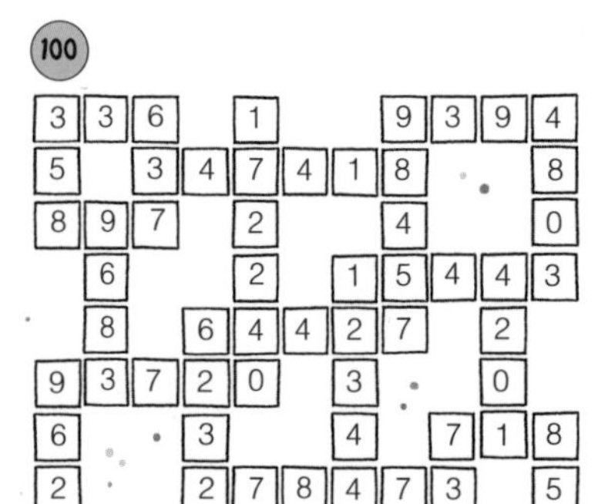

| 3 | 3 | 6 |  | 1 |  |  | 9 | 3 | 9 | 4 |
|---|---|---|---|---|---|---|---|---|---|---|
| 5 |  | 3 | 4 | 7 | 4 | 1 | 8 |  |  | 8 |
| 8 | 9 | 7 |  | 2 |  |  | 4 |  |  | 0 |
|  | 6 |  |  | 2 |  | 1 | 5 | 4 | 4 | 3 |
|  | 8 |  | 6 | 4 | 4 | 2 | 7 |  | 2 |  |
| 9 | 3 | 7 | 2 | 0 |  | 3 |  |  | 0 |  |
| 6 |  |  | 3 |  |  | 4 |  | 7 | 1 | 8 |
| 2 |  |  | 2 | 7 | 8 | 4 | 7 | 3 |  | 5 |
| 9 | 4 | 0 | 8 |  |  | 5 |  | 2 | 1 | 9 |

101

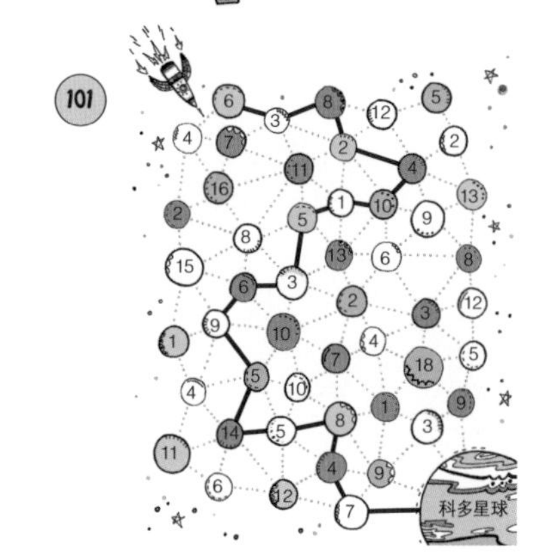

102

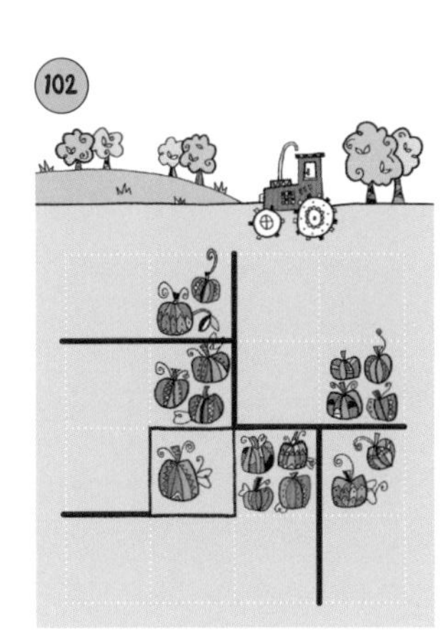

| 麦克 | 劳拉 | 卡丽 | 卡莱尔 |
|---|---|---|---|
| 25 | 15 | 20 | 40 |

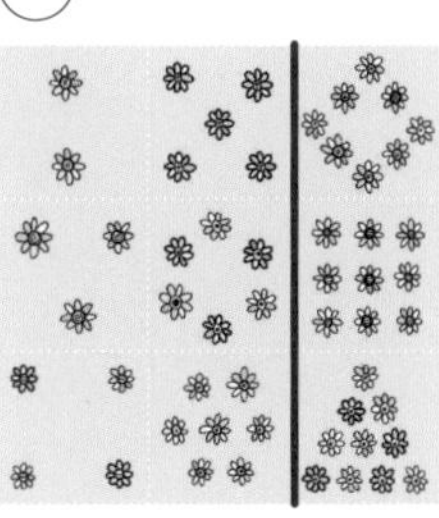

106

| | | |
|---|---|---|
| 一只蝴蝶的翅膀数量 | < | 一支篮球队的上场球员数 |
| 立方体的面数 | = | 蜜蜂腿的数量 |
| 二重奏的人数 | > | 地球的自然卫星的数量 |
| 三个星期的天数 | = | 一枚骰子所有的点数之和 |
| 矩形的边数 | < | 一只脚的脚趾数 |
| 一只章鱼腕足的数量 | > | 常见的吉他的弦数 |

107

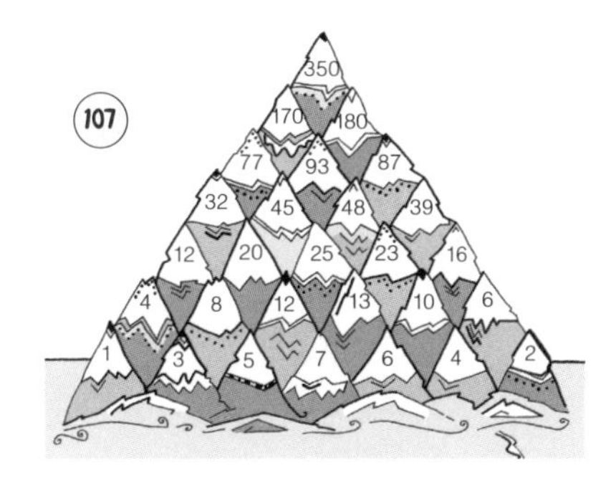

桂图登字：20-2021-013

Number Puzzles & Games

First published in 2020 by Usborne Publishing Limited, England.

图书在版编目（CIP）数据

小学生数学大挑战 / 英国尤斯伯恩出版公司编著 ; 何十一译 . —南宁 : 接力出版社 , 2022.3

ISBN 978-7-5448-7621-6

Ⅰ. ①小… Ⅱ. ①英…②何… Ⅲ. ①数学－儿童读物 Ⅳ. ① O1-49

中国版本图书馆 CIP 数据核字 (2022) 第 026464 号

责任编辑：姜　竹　　文字编辑：刘　楠　　美术编辑：杨　慧

责任校对：高　雅　　责任监印：郭紫楠　　版权联络：闫安琪

社长：黄　俭　　总编辑：白　冰

出版发行：接力出版社　　社址：广西南宁市园湖南路9号　　邮编：530022

电话：010-65546561（发行部）　　传真：010-65545210（发行部）

http://www.jielibj.com　　E-mail:jieli@jielibook.com

印制：北京尚唐印刷包装有限公司

开本：710毫米 × 1000毫米　1/16　　印张：7.75　　字数：95千字

版次：2022年3月第1版　　印次：2023年5月第2次印刷

定价：38.00元

本书中的所有图片均由原出版公司提供

质量服务承诺：如发现缺页、错页、倒装等印装质量问题，可直接向本社调换。

服务电话：010-65545440